水力发电厂检修技术丛书

水力发电厂调速器检修技术

（机械部分）

杨 俊 主编

中国三峡出版传媒

中国三峡出版社

图书在版编目（CIP）数据

水力发电厂调速器检修技术. 机械部分 / 杨俊主编. —北京：中国三峡出版社，2021.12

（水力发电厂检修技术丛书 / 余爱彤等主编）

ISBN 978-7-5206-0217-4

Ⅰ. ①水… Ⅱ. ①杨… Ⅲ. ①水轮机–调速器–检修 Ⅳ. ①TK730.8

中国版本图书馆 CIP 数据核字（2021）第 249431 号

责任编辑：李 东

中国三峡出版社出版发行

（北京市通州区新华北街156号 101100）

电话：（010）57082635 57082577

http://media.ctg.com.cn

北京中科印刷有限公司印刷 新华书店经销

2021 年 12 月第 1 版 2021 年 12 月第 1 次印刷

开本：787 毫米 ×1092 毫米 1/16 印张：8.5

字数：179千字

ISBN 978-7-5206-0217-4 定价：60.00元

P 前 言
reface

随着社会的飞速发展，为了尽快地提高水电厂检修人员的专业技能，以适应企业生产的发展需要，清江公司组织各专业人员以设备设计、安装的相关资料及国家标准为依托，结合各专业的实际生产情况编写了此培训教材，以适应企业需要。

本教材共分5章：第1章为水轮机调节系统；第2章为调速器机械部分检修基础理论；第3章调速器检修工艺和检修标准；第4章调速器试验；第5章调速器历年检修案例。本书可作为水轮机调速器机械部分检修专业的员工培训教材及相关专业工作人员参考用书。

参加本培训教材编写的有：罗霄（绪论），杜伟峰（第1章），杨俊（第2章），严家禄（第3章），黄汉琛（第4章），周敏、张家玺（第5章）。全书由清江公司调速器班技术专责杨俊担任主编，清江公司调速器班班长杜伟峰承担校核工作，清江公司机械检修部副主任宗治田对稿件进行审核，清江公司总工王传忠对稿件进行审定。

本书在编写过程中，得到了清江公司领导及相关部室的大力支持，尤其机械检修部及所属专业班组提供了大量的资料，对此表示衷心感谢。由于编者水平有限，书中错误和不足在所难免，欢迎大家在学习过程中提出宝贵意见和建议，以便再版时修订。

电力是我国工业生产和人们日常生活应用的重要能源之一，随着我国不可再生资源的日益减少，水力发电的优越性日益显现。水轮机调速器作为水电厂的重要设备，是由实现水轮机转速调节及相应控制的机构和指示仪表等组成的一个或几个装置的总称，是水轮机控制设备的总体，对水电站的正常运行起到关键作用，与水电站能否正常发电密不可分，一旦调速器出现故障，将直接影响到水轮机组乃至电力系统的安全稳定运行。因此水电站工作人员必须非常重视水轮机调速器的检修和维护工作，及时检修、维护和调试，才能最大程度地避免水轮机调速器出现问题，进而保证水电站正常运行。

本书主要以清江流域三大电厂为背景介绍了水轮机调速器的系统原理、基础理论和检修工艺等。清江流域三大电厂按流域自上而下依次分别为水布垭电厂、隔河岩电厂和高坝洲电厂，其调速器型号分别为 PTFWT-100-6.3 型微机调速器、DTL 525 型微机电液调速器、DFWST-150-4.0-STARS 型双调节微机调速器。

C目录
ontents

第1章
水轮机调节系统

1.1 水轮机调节的任务

水轮机是靠自然水能进行工作的动力机械。与其他动力机械相比，具有效率高、成本低、环境卫生、便于综合利用等优点。绝大多数水轮机都是用来带动同步交流发电机，构成水轮机发电机组。

水轮发电机组把水能转变为电能供生产及生活使用，用户除要求供电安全可靠外，对电网频率的质量要求十分严格。按我国电力相关部门规定：大电网频率为50Hz。允许偏差为 ±0.2Hz；对于中、小电网，允许频率偏差为 ±0.5Hz。我国目前的中、小电网系统负荷波动可达总容量的 5% ~ 10%；即使是大的电力系统，其负荷波动也只可达总容量的 2% ~ 3%。电力系统负荷的不断变化将导致系统频率的波动。

因此，必须适应负荷的变动，不断地调节水轮发电机组的有功功率输出，维持机组的转速（频率）在规定范围内，是水轮机调节的基本任务。水轮机调速器与油压装置是水电站的辅助设备，它承担了水轮机调节的主要任务——维持被控水轮机发电机组的转速（频率）在允许范围内，并与电站二次回路和自动化元件一起，完成水轮发电机组的自动开机、正常停机、紧急停机、增减负荷等操作控制功能。水轮机调速器还可以与其他设备相配合，实现成组调节、流量控制、按水位信号调节等自动化运行方式。

水轮发电机组转动部分的运动决定于下列方程式：

$$J \frac{\mathrm{d}\omega}{\mathrm{d}t} = T_\mathrm{t} - T_\mathrm{g} \tag{1-1}$$

式中：J 为机组转动部分动量矩；ω 为转动角速度；n 为机组转速；T_t 为水轮机转矩；T_g 为发电机负载转矩。

式（1-1）清楚地表明，水轮发电机组转速维持恒定（即 $\mathrm{d}\omega/\mathrm{d}t = 0$）的条件是 $T_\mathrm{t}=T_\mathrm{g}$，否则就会导致机组转速相对于额定值的升高或降低，从而出现转速偏差 Δn 水轮机转矩的表达式为：

$$T_{\mathrm{t}} = \frac{QH\eta y}{\omega} \qquad (1\text{-}2)$$

式中：Q 为通过水轮机的流量；H 为水轮机净水头；η 为水轮机总效率；y 为单位容积水的质量。

在恒定水头下，只有调节水轮机的流量 Q，才能明显地改变水轮机的转矩 T_{t}，从而达到 $T_{\mathrm{t}} = T_{\mathrm{g}}$ 的目的。从现象上看，水轮机调节的主要任务是维持机组转速恒定（在额定转速附近的一个允许范围内）。然而，从实质上讲，只有当调速器相应地调节导水机构，使水轮机转矩 T_{t} 等于发电机负载转矩 T_{g}，机组才又回到一个允许的新的稳定转速下运行。从这个意义上说，水轮机调节的实质就是：根据偏离了额定工况的转速（频率）偏差信号，调节水轮机导水机构，不断地维持水轮机发电功率与负荷功率的平衡状态。

水轮机调速器是水电站水轮发电机组的重要辅助设备，它与水电站二次回路或微机监控系统相配合，完成水轮发电机组的开机、停机、增减负荷、紧急停机等任务。水轮机调速器还可以与其他装置一起完成自动发电控制、成组控制、按水位调节等任务。

1.2　水轮机调节系统的组成

1.2.1　水轮机调节系统的结构框图

水轮机调节系统的结构框图如图 1-1 所示。

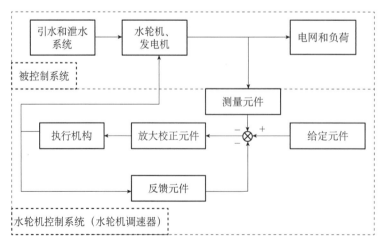

图 1-1　水轮机调节系统的结构框图

水轮机调节系统是由水轮机控制系统和被控制系统组成的闭环系统。水轮机控制系统是由用于检测被控参量与给定参量的偏差，并将它们按一定特性转换成主接力器行程偏差的一些设备所组成的系统，也可以称为调节器。水轮机调速器则是由实现水轮机调节及相应控制的机构和指示仪表等组成的一个或几个装置总称。从一般意义上讲，水轮机控制系统就是包含油压装置在内的水轮机调速器。被控制系统是由水轮机控制系统控制的系统，它包括水轮机、引水和泄水系统、装有电压调节器的发电机及其所并入的电网及负荷，也可以称为调节对象。

水轮机调节系统的工作过程：水轮机控制系统的测量元件把被控制系统的发电机组的频率 f（与其成比例的被控制机组的转速 n）、有功功率 P、运行水头 H、水轮机流量 Q 等参量测量出来，将水轮机控制系统的频率给定、功率给定、接力器开度给定等给定信号和接力器实际开度等反馈信号进行综合，由放大校正元件处理后经接力器驱动水轮机导叶机构及轮叶机构，改变被控制的水轮发电机组的功率及频率。

众所周知，如果系统的输出量对系统的输入控制作用没有影响，则这个系统是开环系统。因此，一个输入控制量便有一个相应固定的输出量与之对应，系统的控制精度取决于系统参数的校准。当系统出现扰动或参数变化时，原来相应固定的输出量就会变化，所以采用开环控制系统是不可能构成精确的控制系统的。

从图 1-1 可以看出，水轮机调节系统的输出参数（包括机组（电网）频率、机组功率等）对系统的控制作用有着直接的影响，一般称为反馈作用。水轮机调节系统是一个闭环系统，水轮机控制系统（调速器）自身也是一个闭环系统。输入信号与反馈信号之差称为误差。误差信号施加在控制器的输入可以减少系统的误差，并使系统的输出量趋于给定值。闭环系统就是利用反馈来减少系统的误差。当然，对于一个闭环调节系统来说，系统的稳定性始终是一个重要问题。闭环控制系统的动态过程及动态品质比开环系统复杂得多，即使闭环调节系统达到动态稳定状态，也可能出现动态过程中超调或衰减振荡的现象。

1.2.2　被控制系统

水轮机调节系统中被控制系统是由水轮机调速器调节的系统，包括引水和泄水系统、水轮机、装有电压调节器的发电机及其所并入的电网和负荷。从调节的意义出发，也可以称为调节对象或被调节对象。

被控制系统的主要状态参数有水轮机流量、发电机的功率和转矩等。

1.2.3　水轮机控制系统

水轮机控制系统是用来检测被控参量（转速、功率、水位、流量等）与给定参量的偏差，并将它们按一定特性转换成主接力器行程偏差的一些设备所组成的系统。水轮机调速器是控制系统的主体，水轮机调速器是由实现水轮机调节及相应控制的机构和指示仪表等组成的一个或几个装置的总称。

水轮机调速器的品种繁多，形式多样，可以按照调速器的容量、使用的油源、被控制系统、结构特点进行分类、根据调速器的结构特点、调速器的被控制系统、调速器使用的油源、调速器的容量等原则分类。

1. 按照调速器的容量分类

调速器工作容量，是指执行元件-按力器对导水机构的操作能力并以力矩（N·m）计算。由于受控水轮机出力一般从几百千瓦到几十万千瓦，故调速器分为：

特小型调速器：工作容量小于 3 kN·m；

小型调速器：工作容量 3 ～ 15 kN·m；

中型调速器：工作容量 15 ～ 50kN·m；

大、巨型调速器：工作容量 50kN·m 以上，并按放大执行元件主配压阀直径（80 mm、100 mm、150 mm、200 mm、250 mm）来计算。

容量选择时应遵循下列原则：与调速器相配的外部管道，设计流速一般不超过 5m/s；计算调速器容量的油压时，应按正常工作油压的下限考虑；主配压阀及连接管道的最大压力降应不超过额定油压的 20% ～ 30%；接力器最短关闭时间应满足机组提出的要求。

2. 按照调速器使用的油源分类

由于调速器的压力油供给方式有直接和间接两种，故调速器又可分为通流式和蓄能器式。

（1）通流式调速器。

由油泵直接向水轮机控制系统供油、没有压力罐的调速器是通流式调速器。油泵连续运行，直接供给调速器的调节过程用油，非调节过程时，由限压溢流阀将油泵输出的油全部排回到集油箱。工作中油流反复循环不息，易恶化油质，设备简单、造价低，主要用于小型和特小型调速器。

（2）蓄能器式调速器。

蓄能器式调速器是由蓄能器向水轮机控制系统供油的调速器。有专门的油压设备，其中油泵连续运行，维持压力油罐的压力和油位，再由压力油罐随时提供给调速器调节过程用油，因而设备复杂、造价高，主要用于中、大型调速器。

蓄能器式调速器又分为组合式和分离式。整台调速器和油压设备组合成一体的，称为组合式调速器，主要用于中、小型调速设备；调速器的主接力器和油压设备分别独立设置，称为分离式调速器，主要用于大、巨型调速器。

3. 按照调速器的被控制系统分类

按调节机构数目区分为单调节调速器和双重调节调速器两种。

单调节调速器是能实现混流式、轴流定桨式等水轮机导叶调整的调速器。

能实现转桨式和冲击式水轮机导叶或喷针和转轮叶片或折向器/偏流器双重调整的调速器称为双调整调速器。如转桨式水轮机调速器、贯流式水轮机调速器和冲击式水轮机调速器都是双重调节调速器。

4. 按照调速器的结构特点分类

（1）机械液压调速器。

测速、稳定及反馈信号用机械方法产生，经机械综合后通过液压放大部分实现水轮机接力器的调速器称为机械液压调速器。

（2）电液调速器。

电液调速器又称为电气液压调速器。电液调速器是指用电气原理实现检测被控参量、稳定环节及反馈信号，通过电液转换和液压放大系统实现驱动水轮机接力器的调速器。

（3）微机调速器。

微机调速器是以微机为核心进行信号测量、变换与处理的电液调速器。

①电磁换向阀式调速器：在微机调速器中，用脉冲宽度调制方法将 PID 调节器的输出信号通过电磁换向阀来控制油进出接力器开启、关闭腔的流量和方向的调速器称为电磁换向阀式调速器。

②电动机式调速器：用电动机经减速装置来控制水轮机导水机构的调速器。

③电子负荷调节器：利用电子电路组成的能耗式调速器。

④操作器：不对机组施加自动调节作用，仅能实现机组启动、停机，并网后能使机组带上预定负荷，以及接受事故信号后能使机组自动停机的装置。

1.2.4 水轮机控制系统的特点

水轮机调节系统是一个包含水流、机械、电气运动的复杂的闭环自动调节系统，首先介绍其工作原理和特点。

水轮机调节系统除了具有一般闭环控制系统的共性之外，还有一些值得我们尤为重视的特点。水轮机调节是通过控制水轮机导水机构来改变通过水轮机的流量，由于水轮机流量很大，操作导水轮机构就需要很大的力。因此，即使是中小型调速器，也需要一级或两级液压放大。

1. 水轮机调节系统有机电惯性和水流惯性

（1）水轮发电机组有较大的机电惯性。一般用机组惯性时间常数 T_a 来描述机组的惯性特性，其定义是：机组在额定转速时的动量矩与额定转矩之比，其表达式为：

$$T_a = (J\omega_r / T_r) = GD^2 n_r^2 / 365 P_r \tag{1-3}$$

式中：$J\omega_r$ 为额定转速时机组的动量矩；GD^2 为机组飞轮力矩；n_r 为机组额定转速；P_r 为水轮发电机额定功率。

水轮发电机组在额定转矩 T_r 作用下，机组转速由零开始上升到额定转速 n_r 为止的时间就是机组惯性时间常数 T_a。

（2）过水管道系统有较大的水流惯性。一般用水流惯性时间常数 T_w 来表征过水管道中水流惯性的特征时间：

$$T_w = (Q_r / g H_r) \cdot \sum L/S = \sum LV / g H_r \tag{1-4}$$

式中：S 为每段过水管道的截面积；L 为相应每段过水道的长度；V 为相应每段过水管道内的流速；Q_r 为水轮机额定流量；H_r 为水轮机额定水头；g 为重力加速度。

过水管道系统在额定水头 H_r 作用下，流量由零开始至上升到额定流量 Q_r 为止的时间就是水流惯性时间常数 T_w。它不仅因其惯性而影响水轮机调节系统的动态稳定与品质；尤为严重的是，在导水机构快速关闭或开启时会产生众所周知的压力管道过大而导致压力上升，从自动控制理论来看，水轮机调节系统成为一个非最小相位系统，更对其动态品质引入恶劣的影响。

2. 水轮机调节系统是一个复杂的变结构和非线性控制系统

从控制系统来看，不仅在开机、停机、正常运行不同运行状态下，水轮机调节系统有不同的结构，就在正常运行的同一情况下，也由于导叶开度限制和速度限制的作用与否使系统的结构发生变化。另外，水轮机的特性具有明显的非线性，工况发生变化，水轮机调节系统在不变的调节参数下，其动态品质也会有明显的变化。

1.3 水轮机微机调速器的静态特性

水轮机调节系统在工作过程中有两种工作状态，即调节系统的静态（稳定状态）和动态（瞬变状态、过渡状态）。调节系统的静态，就是机组在恒定的负荷、给定信号和水头下运行，水轮机控制系统和水轮机调节系统的所有变量都处于平衡状态的运行状态。

当指令信号变化或调节系统受到外扰作用时，水轮机调节系统将出现相应的运动；

当系统动态稳定时，经过一段时间后，在新的条件下达到了新的平衡状态。从原来平衡状态到新的平衡状态的运动过程就称为调节系统的动态。在实际运行中，调节系统的静态（平衡）是暂时的、相对的，调节系统的动态（不平衡）则是长期的绝对的。

测量元件把机组转速（频率）转换成为机械位移（机械液压调速器）或电气信号（电气液压调速器）或数字信号（微机调速器），与给定信号和反馈信号比较，综合后，经放大校正元件使执行机构（接力器）操作导水机构。同时，执行机构的作用又经反馈信号，从而使调速器具有一定的静态特性和动态调节规律。

被控参量是由水轮机控制系统控制的参量。在水轮机调节系统中，主要的被控参量有机组频率、机组转速、被控机组有功功率等；主要的给定信号有频率给定、接力器开度给定、被控机组功率给定等。水轮机控制系统的主要输出变量有导叶接力器行程、轮叶接力器行程等；与水轮机调节系统静态特性有关的参数有永态差值系数、转速死区、功率永态差值系数等。

当指令信号恒定时，水轮机调速系统处于平衡状态，转速相对偏差值与接力器行程相对偏差值的关系曲线图（见图 1-2），就是调速系统静态特性曲线。

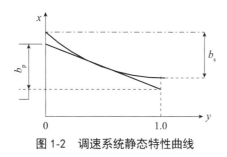

图 1-2　调速系统静态特性曲线

1.3.1　永态差值系数 b_p

永态差值系数 b_p，调速系统静态特性曲线图上某一规定运行点处斜率的负数就是该点的永态差值系数。其数学表达式为：

$$b_p = -\mathrm{d}x/\mathrm{d}y \qquad\qquad (1\text{-}5)$$

式中，负号的物理意义是转速的正差（转速上升）一定对应于接力器行程的负偏差（接力器关闭）。

1.3.2　最大行程的永态转差系数 b_s

在图 1-2 中还给出了最大行程的永态转差系数 b_s，其定义是，在规定的指令信号下，从调速系统静态特性曲线图上得出的接力器在全关（$Y=0$）和全开（$Y=1.0$）位置的相对转速之差。

显然，当调速系统静态特性曲线很接近一条直线时，各点的 b_p 值就相差甚小并有近似的关系 $b_p \approx b_s$。从图 1-2 中可以看出，b_p 越大，接力器全行程对应的频率偏差就越大；b_p 越小，则此频率偏差越小；b_p 为零，静态特性曲线就近似成为一根平行与横轴的直线，接力器全行程对应的频率偏差则为零。

国标规定，永态差值系数 b_p 应能在自零至最大值范围内整定，最大值不小于 8%。对小型机械液压调速器，零刻度实测值不应为负值，其值不大于 0.1%。

1.3.3　转速死区 i_x

指给定令信号恒定时，不起调节作用的两个转速偏差相对值间的最大区间称为转速死区 i_x。其在静态特性曲线上转速死区如图 1-3 所示。转速死区的一半为转速不灵敏度，从有利改善水轮机调节系统的静态品质看，i_x 值越小越好。

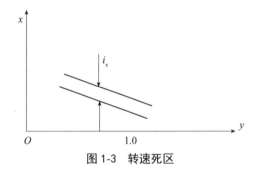

图 1-3　转速死区

国标规定，测至主接力器的转速死区不超过表 1-1 的规定值。

表 1-1　接力器转速死区规定值

调速器类型	大　型		中　型		小　型		特小型
性能	电调	机调	电调	机调	电调	机调	
转速死区（%）	0.02	0.10	0.06	0.15	0.10	0.18	0.20

1.3.4　随动系统不准确度 i_a

随动系统不准确度 i_a 是指在微机调速器的电液随动系统中，对于所有不变的输入信号，相应输出信号的最大变化区间的相对值，如图 1-4 所示。

对于转桨式水轮机调速系统，桨叶随动系统的不准确度 i_a 不大于 0.8%，实测协联关系曲线与理论协联关系曲线的偏差不大于轮叶接力器全行程的 1%。

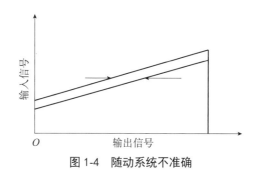

图 1-4 随动系统不准确

1.4 水轮机微机调速器的动态特性

水轮机调速系统的动态特性是指从转速信号至接力器行程之间环节组合体的动态特性，就是水轮机调速器自身动态特性。水轮机调节系统的动态特性，则是由调速系统和被控制系统组成的闭环系统的动态特性，调速系统动态特性的好坏在很大程度上决定了水轮机调节系统动态品质的优劣；但是，水轮机调节系统的动态过程还与水轮机、发电机、过水管道系统、电网等被控制系统的特性有十分密切的关系。一个已经投入运行的水轮发电机组来说，被控制系统的动态参数及特性是客观存在的，只与运行工况和条件（水头、接力器开度等）有关，是不能人为改变的。因而，水轮机调节系统的动态特性优劣主要取决于水轮机控制系统的调节控制规律和调节参数的选择与配合。

从调节规律看，现有的调速器大多属于比例积分（PI）或比例积分微分（PID）调速器。在下面的典型调速器方块图中，采用下列符号：

$X = (n/n_r) = (f/f_r)$ —— 转速（频率）相对量；

$y = Y/Y_m = Z/Z_m$ —— 接力器行程相对量；

b_p —— 永态转差系数；

b_t —— 暂态转差系数；

T_d —— 缓冲装置时间常数；

T_n —— 加速时间常数；

T_{y1} —— 中间接力器（辅助接力器）反应时间常数；

T_{y2}、T_y —— 接力器反应时间常数；

s —— 拉普拉斯算子。

1.4.1　水轮机微机调速器的调节规律

从机械液压调速器–电气液压调速器–微机调速器的发展历程来看，早期的水轮机控制系统（水轮机调速器）的调节规律都是比例积分微分调节规律，即 PID 调节规律。能够实现比例积分微分调节规律的调速器称为比例–积分–微分调速器或简称 PID 调速器。在 PID 实现方式上，有早期的串联 PID 调速器和现在使用的并联 PID 调速器。机械液压调速器一般属于缓冲型调速器，其系统反馈环节中含有缓冲装置（缓冲器）；在电气液压调速器中还存在过测频单元中含有加速度环节和系统反馈环节中含有缓冲装置的加速度–缓冲型调速器。

国家标准 GB/T 9552.1—2007《水轮机控制系统技术条件》关于水轮机调速器动态特性的主要规定如下：

（1）对机械液压调速器，暂态转差系数 b_t 应能在设计范内整定，其最大值不小于 80%，最小值不大于 5%；缓冲时间常数 T_d。可在设计范围内整定，小型及以上的调速器最大值不小于 20s，特小型调速器最大值不小于 12s，最小值不大于 2s。

（2）PID 型调节器的调节参数应能在设计范围内整定：比例增益 K_p 最小值不大于 0.5，最大值不小于 20；积分增益 K_I 最小值不大于 0.05s^{-1}，最大值不小于 10s^{-1}；微分增益 K_D 最小值为零，最大值不小于 5s。

1.4.2　加速度–缓冲型微机调速器的动态特性

加速度–缓冲型微机调速器的工作原理框图如图 1-5 所示。

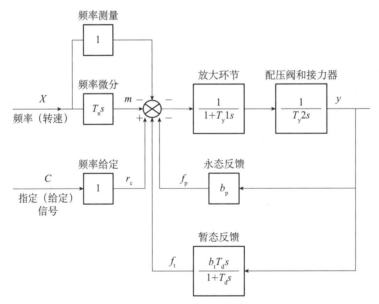

图 1-5　加速度–缓冲型调速器工作原理框图

加速度-缓冲型调速器是测频单元中包含加速度环节和接力器反馈回路中包含缓冲器的微机调速器，图1-5所示的也是加速度-缓冲型电液调速器的结构。测频单元中的加速度环节构成了对频率偏差信号的微分（D）作用，它与缓冲型调速器的比例积分作用（PI）一起组成了比例-积分微分（PID）调节规律。

1. 缓冲装置特性

在机械液压调速器、电液调速器和早期的微机调速器的缓冲装置或缓冲环节，可将来自主接力器（或中间接力器）的位移信号转换成一个随时间衰减的信号；当接力器停止运动时，缓冲装置或缓冲环节的输出最终会恢复到零的中间位置。它可以是机械液压式的缓冲器，也可以是由电子器件或软件构成的电气缓冲环节。

缓冲装置将来自接力器（见图1-2）的位移信号转换成随时间衰减的信号。缓冲装置可以是机械式的（缓冲器），也可以由电气回路构成（缓冲回路）。

（1）暂态差值系数。

永态转差系数为零时，缓冲装置不起衰减作用，在稳定状态下的差值系数统称为暂态差值系数 b_t。对比图1-2和图1-6可以看出，在缓冲装置不起衰减作用的条件下，暂态转差系数 b_t 与永态转差系数 b_p 相似。但是，一般来说，它的数值要比永态差值系数 b_p 的数值大得多，而且它是衰减的，仅仅在动态过程中起作用。

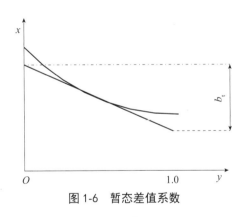

图1-6　暂态差值系数

缓冲装置不起衰减作用，暂态转差系数 b_t 与永态转差系数 b_p 有相同的含义：调速器静态特性图上某点切线斜率的负数。在工程应用上可取为接力器全关（$y=0$）和全开（$y=1.0$）时对应的频率相对值之差。当然，实际的缓冲装置特性是衰减的，因而可以认为 b_t 是缓冲装置在动态过程中"暂时"起作用的强度。

（2）缓冲装置时间常数 T_d。

输入信号停止变化后，缓冲装置将来自接力器位移的反馈信号衰减的时间常数就是缓冲装置时间常数 T_d，如图1-7所示。如果把某一开始衰减的缓冲装置输出信号强度设为1.0，那么至它衰减到37%初始值（衰减了63%）为止的时间就是 T_d。图1-6中缓冲

装置的最大输出 b_t 就是暂态差值系数 b_t 的作用。因此，暂态差值系数 b_t 的作用是增大反馈强度，缓冲装置时间常数 T_d 的作用是增大反馈作用的衰减速度。

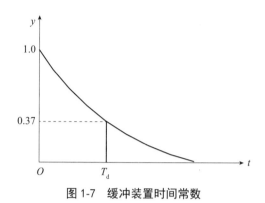

图 1-7　缓冲装置时间常数

（3）缓冲装置参数值。

国家标准规定暂态差值系数 b_t 应能在设计范围内整定，其范围最大值不小于 80%，最小值不大于 5%；缓冲时间常数 T_d 可在设计范围内整定，小型及以上调速器最大值不小于 20s，特小型调速器不小于 12s，最小值不大于 2s。

（4）缓冲装置在阶跃输入信号下的特性。

缓冲装置的动态特性可用传递函数来加以描述：

$$F_t(s)/Y(s) = b_t T_d s/1 + T_d s \qquad (1\text{-}6)$$

当在缓冲装置输入端施加一个阶跃信号 ΔY 的阶跃信号后，其响应特性如图 1-8 所

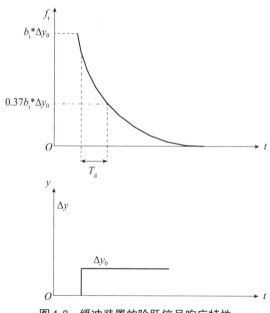

图 1-8　缓冲装置的阶跃信号响应特性

示。图中 f_t 为缓冲装置的输出，从图中可以清楚地看出：缓冲装置仅在调节系统的动态过程中起作用，在稳定状态其输出总是会衰减为零；暂态差值系数 b_t 反映了缓冲装置的作用强度；缓冲装置时间常数 T_d 则表征了其动态特性的衰减快慢。

值得着重指出的是，式（1-5）表明，缓冲装置是一个实际微分环节，若它在反馈回路中包围一个积分环节，则构成了比例积分调节规律；若它在前项通道中，则构成了实际微分调节规律。

2. 加速度环节

（1）加速时间常数。

加速度环节的引入，使得作用于调速器输入信号不仅有被控机组的速度信号，而且还有被控机组的加速度（即速度对时间的一阶导数）信号。

在实际运行的调速器中，加速度环节仅在电液调速器或微机调速器中采用。

加速时间常数 T_n 是永态和暂态转差系数为零，在接力器刚刚反向运动的瞬间，转速偏差 x_1 与加速度（$\mathrm{d}x/\mathrm{d}t$）之比的负数（见图 1-9）。

$$T_n = x_1 / (\mathrm{d}x / \mathrm{d}t) \tag{1-7}$$

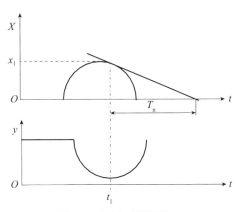

图 1-9　加速时间常数 T_n

加速度环节参数值，国标规定具有加速度作用的调整系统，加速度时间常数应能在设计范围内整定，最大值不小于 2s，最小值为零。

（2）实际加速度环节及其参数。

前面讨论的加速度环节是理想的加速度环节，其传递函数为：

$$\frac{R_n(s)}{X(s)} = Tns \tag{1-8}$$

在输入端施加阶跃输入信号的动态响应如图 1-10 所示。当输入型号出现阶跃变化时，其输出呈现幅值为无穷大的脉冲信号。显然，加速度环节在对输入信号进行加速度运算（即微分作用）的同时，也必定会响应系统中的干扰和噪声信号，这是我们所不希望的。

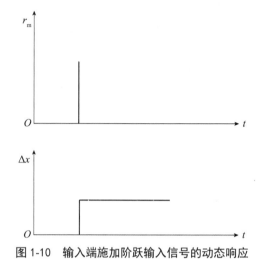

图 1-10 输入端施加阶跃输入信号的动态响应

在实际应用中，采用具有式（1-9）式传递函数的实际加速度环节：

$$R_n(s)/X(s) = T_n s/1 + T_{n'}s \qquad （1-9）$$

这是一个理想微分环节与一个一阶惯性环节串联组成的环节，它对于阶跃输入信号的响应特性如图 1-11 所示。显然，$T_n/T_{n'}$ 反映了加速度作用；$T_{n'}$ 则表示了其衰减特性。

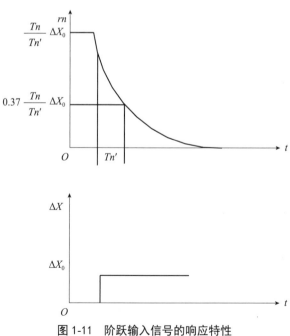

图 1-11 阶跃输入信号的响应特性

图 1-11 响应特性与图 1-8 响应特性在形式上完全一样的。在调速器的运用中，一般选择（$T_{\mathrm{n}}/T_{\mathrm{n}'}$）=3 ～ 10。

1.4.3　采用并联 PID 调节器的动态特性

采用并联 PID 调速器的动态特性如图 1-12 所示。

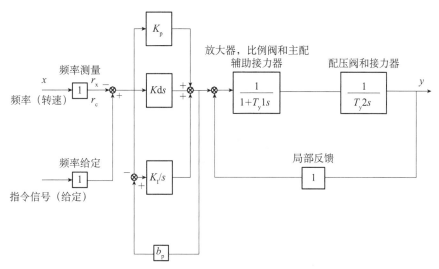

图 1-12　并联 PID 调速器的动态特性

1. 并联 PID 调节器的动态特性

PID 调节器的传递函数为：

$$\frac{Y_{\mathrm{T}}(s)}{\Delta X(s)} = K_{\mathrm{p}} + Ki\left(\frac{1}{s}\right) + K_{\mathrm{D}}s \qquad (1\text{-}10)$$

式中，采用了理想的微分规律，它对阶跃输入信号的响应特性如图 1-13 所示。图中 $K_{\mathrm{p}}\Delta X_0$ 是比例作用对应的输出分量，它是一个常数；随时间增大而线性变化的 $K_{\mathrm{I}}\Delta X_0$（t_2-t_1）是积分作用产生的输出分量；在输入阶跃出现的 t_1 时刻，对应的 $K_{\mathrm{p}}\Delta X_0$ 以上的脉冲则是理想微分的作用结果。

如果用实际微分作用 $K_{\mathrm{D}}s/(1+\mathrm{T}_{\mathrm{n}'}s)$ 取代理想微分作用 K_{p} 则 PID 调节器的传递函数成为：

$$Y_{t(s)}\big/\Delta X = K_{\mathrm{p}} + K_{\mathrm{i}}/s + K_{\mathrm{D}}s/(1+T_{1\mathrm{v}}s) \qquad (1\text{-}11)$$

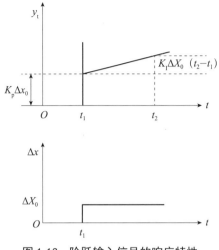

图 1-13   阶跃输入信号的响应特性

2. 国标 PID 调节器参数要求

国家标准规定：比例增益 K_p 的最小值不大于 0.5，其最大值不小于 20；积分增益 K_i 最小值不大于 0.05，最大值不小于 10；微分增益 K_D 最小值为零，最大值不小于 5。

PI 调速器动态参数之间相对应关系。缓冲型调速器在 $b_p=0$，$T_y=0$ 的条件下，其传递函数：

$$\frac{Y(s)}{\Delta X(s)} = \frac{T_d + T_n}{b_t T_d} + \frac{1}{b_t T_d} \times \frac{1}{s} + \frac{T n_s}{b_t} \qquad (1-12)$$

$$\frac{Y(s)}{\Delta X(s)} = \frac{T_d + T_n}{b_t T_d} + \frac{1}{b_t T_d} \times \frac{1}{s} + \frac{\dfrac{T_n}{b_t} \times s}{1 + T_n' s} \qquad (1-13)$$

式（1-11）和式（1-12）为理想加速度环节和实际加速度环节对应的传递函数。比较式（1-9）与式（1-11）或式（1-10）与式（1-12），可得缓冲型调速器与采用 PID 调速器动态参数之间的基本关系如下：

$$K_P = \frac{T_d + T_n}{b_t T_d} \qquad (1-14)$$

$$K_I = \frac{1}{b_t T_d} \qquad (1-15)$$

$$K_D = \frac{T_n}{b_t} \tag{1-16}$$

用缓冲型调速器动态参数表示的阶跃输入响应特性如图 1-14 所示。

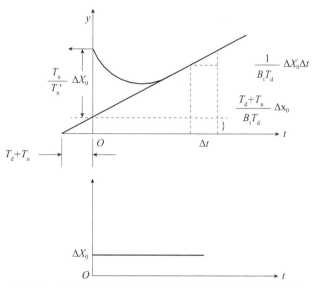

图 1-14　缓冲型调速器动态参数表示的阶跃输入响应特性

前已指出，与水轮机调速系统动态特性不同，水轮机调节系统动态特性是由调速系统和被控制系统组成的闭环系统的动态特性。它的特性好坏不仅与水轮机调速系统的动态特性有关，而且也与水轮机、发电机、过水管道系统、电网等被控制系统的特性有着十分密切的关系。

1.4.4　水轮机调节系统必须满足的基本条件

1. 相关标准规定

GB 9652.1—2007 规定，只有在满足下列基本条件时，才能对水轮机调节系统的静态及动态特性按标准进行考核

（1）水轮机所选定的调速器与油压装置合理。接力器最大行程与导叶全开度相适应。中、小型和特小型调速器，导叶实际最大开度至少对应于接力器最大行程的 80% 以上。调速器与油压装置的工作容量选择是合适的。

（2）水轮发电机组运行正常。水轮机在制造厂规定的条件下运行。测速信号源、水轮机导水机构、转叶机构、喷针及折向器机构、调速轴及反馈传动机构应无制造和安装缺陷，并应符合各部件的技术要求。水轮发电机组应能在手动各种工况下稳定运行。在

手动空载工况（发电机励磁在自动方式下工作）运行时，水轮发电机组转速摆动相对值对大型调速器不超过 ±0.2%；对中、小型和特小型调速器均不超过 ±0.3%。

（3）对比例积分微分（PID）型调速器，水轮机引水系统的水流惯性时间常数 T_w 不大于 4s，对于比例积分（PI）型调速器水流惯性时间常数 T_w 不大于 2.5s。水流惯性时间常数 T_w 与机组惯性时间常数 T_a 的比值不大于 0.4。反击式机组的 T_a 不小于 4s，冲击式机组的 T_a 不小于 2s。

（4）调速器运行环境的海拔、温度、湿度应满足标准规定。

（5）调速系统所用油的质量必须符合国标中 46 号汽轮机或黏度相近的同类型油的规定，使用油温范围为 10～50℃。为获得液压控制系统工作的高可靠性，必须确保油的高清洁度，过滤精度应符合产品的要求。

（6）调整试验前，应排除调速系统可能存在的缺陷，如机械传动系统的死区、卡阻及液压管道、部件中可能存在的空气等。

2. 水轮机调节系统动态特性应满足的技术要求

（1）调速器应保证机组在各种工况和运行方式下的稳定性。

在空载工况自动运行时，施加一阶跃型转速指令信号，观察过渡过程，以便选择调速器的运行参数。待稳定后记录转速摆动相对值，对大型电调不超过 ±0.15%，对中、小型调速器不超过 ±0.25%，特小型调速器不超过 ±0.3%。如果机组手动空载转速摆动相对值大于规定值，其自动空载转速摆动相对值不得大于相应手动空载转速摆动相对值。

（2）机组甩负荷后动态品质应达到：

①甩 100% 额定负荷后，在转速变化过程中，超过稳定转速 3% 额定转速值以上的波峰不超过两次。

②机组甩 100% 额定负载后，从接力器第一次向开启方向移动起，到机组转速摆动值不超过 ±0.5%，为止所经历的时间，应不大于 40s。

③转速或指令信号按规定形式变化，接力器不动时间：对电调不大于 0.2s，机调不大于 0.3s。

2.1 现代微机调速器的电液转换器

电液转换器是能将电气输入信号连续、线性地通过液压放大而转变成相应机械位移输出，或相应方向及流量输出的部件。包括电机式转换装置、电液伺服阀、比例伺服阀和电磁换向阀等。

电机式转换装置是利用电机将调节信号转变成机械位移输出的装置，是一种无油的、机械位移输出型的电液转换器。

电液转换器一般与主配压阀接口，机械位移输出型电液转换器与带引导阀的机械位移型主配压阀相配合。液压输出型电液转换器则与带辅助接力器的液压控制型主配压阀接口，电液转换器是电液调速器的重要部件，在很大程度上影响着水轮机调节系统的静态性能、动态性能和可靠性，也是调速器机械液压系统中最受重视、发展最迅速的部件之一。

对电液转换器的主要技术要求是：在符合规定的使用条件下，能正确、可靠地工作；电液转换器死区小，截止频率高，放大系数稳定，油压和温度漂移小；在可能的条件下，应加大其驱动力，降低电液转换器对油质的要求，最好具有方便的手动操作机构。当电液转换器的电源消失时，对于电液转换器来说，最好应具有使电液转换器恢复至中间平衡位置的功能，而电液伺服阀最好应与相应主配压阀活塞机械反馈一起使被控制的主配压阀复中，以实现电源消失时接力器能基本保持在电源消失前的位置。这既提高了调速器的可靠性，也符合我国的运行习惯和要求。下面主要介绍几种常见类型的电液/电位移转换装置。

2.1.1 电动机驱动机械位移输出型电液转换器及其工作原理

交流伺服电动机自复中装置是我国自行研制的一种电动机式转换装置，如图 2-1 所示，它是一种新型的把交流伺服电动机的旋转运动转换成机械直线位移运动的电位移转换装置，用于控制带引导阀的位移控制型主配压阀。

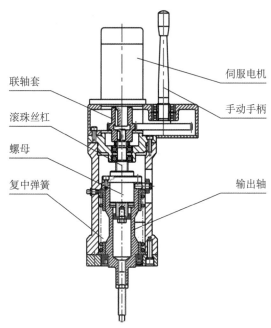

图 2-1　交流伺服电动机自复中装置结构示意图

高坝洲电厂应用的就是此类型的电位移转换单元，实物图如图 2-2 所示。

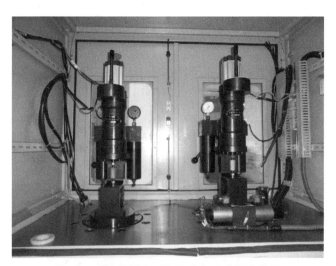

图 2-2　交流伺服电动机及自复中装置实物图

交流伺服电动机自复中装置采用交流伺服电动机和机械死区极小的精密滚珠丝杠传动副作为驱动转换元件，具有输出力大、可靠性高、反应灵敏、线性度好、操作方便和结构紧凑等特点。在电源消失时，复中弹簧具有使电动机式转换器恢复到中间平衡位置的功能。它可以在电气自动和机械手动的运行方式之间实现无扰动切换，在电源消失或者其工作于力矩方式时，其驱动的主配压阀可以保持在中间平衡位置，从而保持接力器在当前开度下稳定运行。

交流伺服电动机自复中装置采用了大螺距、不自锁的滚珠丝杠/螺母副作为传动转换元件，它传动死区小、效率高。伺服电动机与滚珠丝杠通过连轴套相连，螺母与输出杆相连，伺服电动机的角位移通过滚珠丝杠/螺母副传动，转换为输出轴的直线位移。在电源消失时，驱动力矩随之消失，复中弹簧驱动输出轴回到中间平衡位置，从而被控制的主配压阀活塞也就能回到中间平衡位置，接力器保持在原来的稳定位置。

交流伺服电动机自复中装置也可以采用步进电动机作为驱动电动机。

在机械手动工作方式中，操作手柄通过齿轮啮合传动，带动联轴套旋转，同样可以控制输出轴的上下位移，实现手动方式操作调速器。在人工操作力撤销后，复中弹簧使输出轴自动回中。电气自动和机械手动之间的切换是无扰动的。

2.1.2 方向及流量输出型电液转换器及其工作原理

1. 比例伺服阀及其工作原理

比例伺服阀是方向及流量输出型电液转换器，它是用比例电磁铁与液压元件组合而成的，是按照输入电气信号的方向和大小相应地实现液流方向和流量控制的方向阀。

比例伺服阀实质上是一种电气控制的引导阀，在大型和特大型数字式调速器中得到了广泛应用。试验运行结构表明，由比例伺服阀组成的微机调速器具有优秀的静态和动态性能。比例伺服阀的功能是把微机调节器输出的电气控制信号转换为与其成比例的流量输出信号，用于控制主配压阀，从而操作主接力器。水布垭电厂采用的就是两套此类型的电液转换器冗余系统配置，其实物图如图 2-3 所示。

图 2-3 比例伺服阀实物图

在调速器机械液压系统图上，比例伺服阀符号如图 2-4 所示，结构示意图如图 2-5 所示。

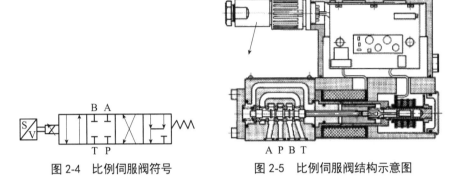

图 2-4　比例伺服阀符号　　　　　图 2-5　比例伺服阀结构示意图

在图 2-4 中，P 和 T 分别接至压力油和回油，A 和 B 均为输出的控制油口，可以用 A 和 B 进行双腔控制（主配压阀辅助接力器为等压式），也可以用 A 和 B 之一进行单腔控制（主配压阀辅助接力器为差压式）。微机调节器的控制信号为 4 ～ 20mA 标准电流信号，S/V 为比例伺服阀阀芯的位置传感器，其信号送至自带的综合放大板，与微机调节器的控制信号相比较，实现微机调节器的控制信号对比例伺服阀阀芯位移的闭环比例控制，实际上就实现了微机调节器的控制信号对比例伺服阀输出流量的比例控制。比例伺服阀阀芯的中间位置对应于电气控制信号 12mA。值得着重指出的是，电源消失时，比例伺服阀阀芯处于故障位，控制油口 A 和 B 均接通排油，对于单腔使用的情况，主配压阀活塞应处于关闭位置，即将接力器全关，这对于我国的实际运行习惯是不合适的，在系统设计时应加以考虑。

根据被控制的主配压阀阀塞直径来选配合适的比例伺服阀通径和流量，以保证水轮机调节系统有优良的接力器不动时间性能等动态品质。例如，阀塞直径为 80 ～ 150mm 的主配压阀选配 NG6（通径为 6mm、流量为 24 ～ 40L/min）的比例伺服阀；阀塞直径为 200 ～ 250mm 的主配压阀选配 NG10（通径为 10mm、流量为 50 ～ 100L/min）的比例伺服阀。

2. 环喷式的电液转换器

环喷式电液转换器在近些年投产的水电站并不常见，下面主要以 HDY-S 型环喷式电液转换器为例加以说明。

HDY-S 型环喷式电液转换器的原理为：HDY-S 型环喷式电液转换器由动圈式力矩马达和环喷式液压放大器两部分组成，线圈与中心杆刚性连接，中心杆通过滚动球铰与控制套连接。当线圈通入工作电流时，线圈连同中心杆及控制套一起产生位移，其位移的方向和大小取决于输入电流的方向、大小和组合弹簧的刚度。控制套的位移控制锯齿

形阀塞的上环和下环的压力，上环和下环分别与等压活塞的下腔和上腔连通。HDY-S
型环喷式电液转换器的结构示意如图 2-6 所示。

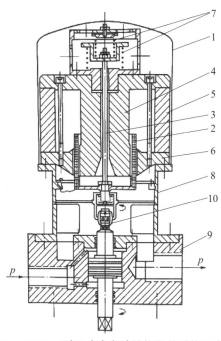

图 2-6　HDY-S 型环喷式电液转换器的结构示意图

1—外罩；2—线圈；3—中心杆；4—铁芯；5—永久磁铁；6—极靴；7—组合弹簧；8—连接座；
9—阀座；10—前置级

当控制套不动时，上环和下环压力相等，喷油量也相等，因而等压活塞稳定在一平
衡位置上。当控制套上移时，引起上环喷油间隙减小，下环喷油间隙增大，等压活塞
下腔油压增大而上腔油压减小，因此，等压活塞随之上移到新的平衡位置，即上、下
环压力相等的位置。同理，控制套下移，等压活塞也下移至新的平衡位置。HDY-S 型
环喷式电液转换器起到了把微小的输入电流转换成具有较强操作力的位移输出的作用；
HDY-S 型环喷式电液转换器的最大特点就是自动防卡阻能力比较强。首先，它的前置
级是按照液压防卡、自动调中原理设计的，即活塞的锥形段可减小液压卡紧力，而滚动
球铰又可使控制套自如地与阀塞同心；其次，阀塞上环和下环的 4 个喷油孔都自轴径的
切线方向引出，只要通入压力油，这种切线方向的射线流就会使控制套不停地旋转，从
而增加了防卡能力；再次，上环和下环的开口较大，而且阀塞在此的开口为锥形因而当
上环的开口被堵时，活塞的上腔油压就会高于下腔油压，使活塞瞬间上移上环开口增
大，污物迅速被冲走，然后当上、下腔压力相等时，活塞又自动回到原来位置。同理，
当下环开口被堵时，也起到自动清污的作用。

3.双喷嘴挡板式流量输出型电液伺服阀

它由电气—位移转换和两级液压放大器组成，液压放大器的前置级为双喷嘴挡板阀，功率级为一四通滑阀。该阀的特点是：由于喷嘴挡板阀没有摩擦副，因此灵敏度高；而运动部分的惯性小，因而动态响应快。同时双喷嘴挡板阀由于结构对称，采用差动方式工作，因此压力灵敏度高，线性度好，且温度压力的零漂小。但其缺点是喷嘴与挡板间的间隙小，容易被脏物堵塞，因而对油液的洁净度要求高。为此该调速器对压力油采用二级在线过滤，并在伺服阀进油口又增设了一个 10μm 过滤器，因而保证了其控制油液的高洁净度。

该喷嘴挡板式电液伺服阀的原理结构图如图 2-7 所示。它由电磁和液压两部分组成。电磁部分是永磁式力矩马达 1、力矩管 11、电枢 12 等组成。液压部分为二级液压放大器，其前置级为结构对称的双喷嘴挡板阀 2（包括喷嘴 3、挡板 10 和节流阀 4 等），功率级为四通滑阀 8（包括控制滑阀 6、控制弹簧 9 等部件）。

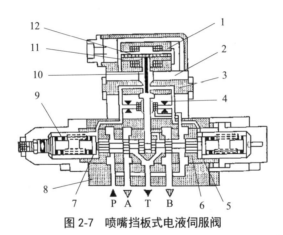

图 2-7　喷嘴挡板式电液伺服阀

1—力矩马达；2—喷嘴挡板阀；3—喷嘴；4—节流阀；5—控制腔；6—控制滑阀；7—控制腔；8—四通滑阀；9—控制弹簧；10—挡板；11—力矩管；12—电枢

当力矩马达的控制线圈无电流信号输入时，则力矩管 11 通过电枢 12 对挡板 10 进行定心，使挡板处于两喷嘴中间位置，两喷嘴喷出的油流相同，控制滑阀的两个控制腔 5 和 7 的油压相等。在控制弹簧 9 的作用下，控制滑阀的阀芯也处于中间平衡位置，则滑阀的 A 腔和 B 腔也均无油液流入或流出（即无调节信号输出）。当有信号电流输入力矩马达的控制线圈时，则力矩马达产生的电磁力矩驱动电枢偏转，并带动挡板 10 偏离中间位置，使左右两喷嘴与挡板的间隙不等。假如输入的信号电流使左喷嘴与挡板的间隙增大，而右喷嘴与挡板的间隙减小，则控制滑阀的左控制腔 7 压力下降，右控制腔 5 压力上升。在该差压作用下，控制滑阀的阀芯向左移动，直到差压与弹簧反力达到平衡为止。这时伺服阀 A 口通 T 排油口，而 B 口通压力油，则伺服阀有一个恒定的流量输出。由于控制弹簧 9 具有线性特性，因此控制滑阀 6 的移动行程以及通过伺服阀的流量都与输入力矩马达的电信号成正比。伺服阀输出的流量信号（该输出流量有正负之分），经动力元件液压功率放大器执行之后，当接力器反馈信号与位置控制器输出信号达到平衡时，力矩马达控制线圈输入信号回复为零，挡板 10 也回到中间位置，控制腔 5 和 7 中的压力重新达到相等。此时在左控制弹簧 9 的作用下，滑阀右移重新回到平衡位置，孔口 A 和 B 重新被控制滑阀的阀盘封住，则输出流量为零。

当输入电流大小不同时，控制滑阀位移量就不同，伺服阀输出的流量也不同。当输入电流方向不同时，则控制滑阀的移动方向就不同，输出流量的符号（即电液伺服阀向主配压阀的液压导引腔输出有压油流或将主配压阀的液压导引腔的油液通过伺服阀的 T 排油口排走）也不同。这种双喷嘴电液伺服阀通常又称为力反馈二级电液伺服阀。

清江隔河岩电厂采用的就是此种电液转换器。

2.1.3　脉冲式数字阀

采用脉冲式数字阀作为电液转换器是当前中、小型微机调速器的一个发展趋势。数字阀是一种具有两个或三个稳定状态的断续式电磁液压阀，具有机械液压系统结构简单、安装调试方便、可靠性高等优点。目前，座阀式电磁换向阀应用较多。

座阀式电磁换向阀是一种二位三通型方向控制阀，在液压系统中大多作为先导控制阀使用。

座阀式电磁换向阀采用钢球与阀座的接触密封，也称为电磁换向球阀，它避免滑阀式换向阀的内部泄漏问题。座阀式电磁换向阀在工作过程中受液流作用力影响小，不易产生径向卡紧，故动作可靠，在高油压下也可正常使用，换向速度比一般电磁换向滑阀快。清江清能公司自备电厂多采用脉冲式数字球阀作为电液转换器，实物图如图 2-8 所示。

图 2-8　脉冲式数字球阀实物图

某种座阀式电磁换向阀在液压系统图中的表示符号如图 2-9 所示。有三个油口：A

为控制油口，P 为压力油，T 为排油。线圈不通电时，压力油接 A 腔（二位三通常开型）；线圈通电时，排油接 A 腔。

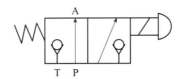

图 2-9　某种座阀式电磁换向阀表示符号

座阀式电磁换向阀根据内部左、右两个阀座安置方向的不同，可构成二位三通常开型和二位三通常闭型品种。如果再附加一个换向块板，则可变成二位四通型品种。

2.2　微机调速器的主配压阀

2.2.1　主配压阀的主要技术要求

主配压阀是控制导叶或转轮接力器的配压阀，对于冲击式水轮机则是控制喷针或折向器／偏流器接力器的配压阀。

主配压阀是调速器机械液压系统的功率级液压放大器，它将电液转换器机械位移或液压控制信号放大成相应方向的、与其成比例的、满足接力器流量要求的液压信号，控制接力器的开启或关闭。主配压阀的主要结构有两种：带引导阀的机械位移控制型主配压阀和带辅助接力器的液压控制型主配压阀。值得强调的是，对于带辅助接力器液压输入的主配压阀，必须设置主配压阀活塞位移至微机控制器或电液转换器综合放大器的反馈。

主配压阀的主要参数如下：

主配压阀行程：主配压阀活塞偏离几何中间位置的位移。

主配压阀的中间位置：接力器稳定在除两极端位置以外的任意位置时对应的主配压阀位置。

几何中间位置：接力器无负载时的主配压阀中间位置。

实际中间位置：接力器带负载时的主配压阀中间位置。

主配压阀最大行程：指在线性条件下，输入信号（转速或中间接力器行程）相对偏差为 1 时的主配压阀行程。

主配压阀按调节保证要求所整定的限制行程（对于用节流孔整定接力器关闭时间的

调速器）：主配压阀结构所限定的行程称为主配压阀最大工作行程。

主配压阀最大许用输油量：在规定压力损失条件下，通过主配压阀控制接力器的最大输油量。

主配压阀搭叠量：主配压阀中阀盘厚度与控制窗口高度之差的 1/2（图 2-10），即：

$$\lambda=(a-b)/2 \tag{2-1}$$

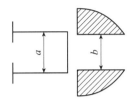

图 2-10　主配压阀搭叠量

$\lambda<0$ 称，称为负搭叠量；$\lambda>0$ 称，称为正搭叠量；$\lambda=0$，称为零搭叠量，一般情况下均为正搭叠量。

在主配压阀上整定接力器的最短关闭和开启时间的原理有两种：基于限制主配压阀活塞最大行程的方式和基于在主配压阀关闭和开启排油腔进行节流的方式。大型调速器一般采用限制主配压阀最大行程的原理来整定接力器的最短关闭和开启时间。对于要求有两段关机特性的，在主配压阀上整定的是快速区间的关机速率，慢速区间的关机速率设置在分段关闭装置上实现。

主配压阀的主要技术要求有以下几点：

（1）流量特性。

根据接力器容积及要求的最短开机和关机时间，选择合适直径和最大窗口面积的主配压阀，使在规定压力降的条件下，主配压阀的流量特性应符合被控制的接力器最短关闭时间的要求，接力器开机和关机时间应能方便地整定，并能可靠地锁紧在规定的使用条件下，主配压阀应动作灵活、无卡阻，能正确、可靠地工作。

（2）工作正常。

在规定的使用条件下，主配压阀应动作灵活、无卡阻，能正确、可靠地工作。

（3）搭接量。

活塞与衬套控制窗口的搭接量应符合设计要求。

（4）行程开关与位移反馈。

根据设计要求，可装设主配压阀活塞位移传感器和主配压阀活塞拒关闭行程开关。与电液转换器配合，可引出主配压阀活塞位移的机械反馈。

（5）主配压阀最大过流窗口面积。

为了与接力器容积配合使主配压阀最大工作行程合理，不至于实际运行中主配压阀的最大行程太小，对于每一种直径的主配压阀，应有 4～5 种最大过流窗口面积系列供选择。

直径 80mm 主配压阀的最大过流窗口面积：$581mm^2$、$774mm^2$、$968mm^2$、$1210mm^2$；

直径 100mm 主配压阀的最大过流窗口面积：$1210mm^2$、$1548mm^2$、$1935mm^2$、$2419mm^2$；

直径 150mm 主配压阀的最大过流窗口面积：$2419mm^2$、$3194mm^2$、$4016mm^2$、$4839mm^2$；

直径 200mm 主配压阀的最大过流窗口面积：$4839mm^2$、$5613mm^2$、$6435mm^2$、$7258mm^2$；

直径 250mm 主配压阀的最大过流窗口面积：$7258mm^2$、$8855mm^2$、$10452mm^2$、$12097mm^2$。

2.2.2 液压控制型主配压阀

1. FC 型主配压阀

美国 GE 公司的 FC 型主配压阀是 GE 公司 FC 阀组的功率执行部件，是一种带有辅助接力器的、液压控制式的主配压阀。它自身带有主配压阀活塞位置的电气传感器，要想实现电液转换器对 FC 型主配压阀的比例控制，必须从主配压阀活塞引出电气或机械反馈。GE 公司用比例伺服阀控制 FC 型主配压阀，并与主配压阀活塞引出的电气反馈、紧急停机电磁阀、手动停机阀等构成 FC 阀组。FC 型主配压阀结构图如图 2-11 所示。

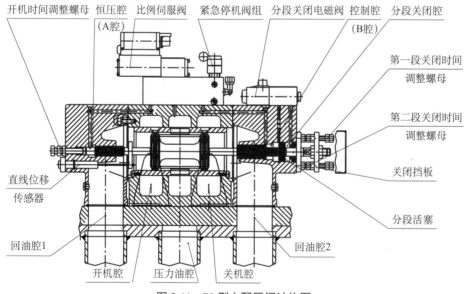

图 2-11 FC 型主配压阀结构图

FC 型主配电阀的工作原理为：微机调节器提供 4～20mA 的控制信号，与比例伺服阀阀芯位移反馈信号和 FC 阀主活塞的直线位移传感器反馈信号比较，放大为 4～20mA 信号，用于驱动比例伺服阀。在比例伺服阀的控制下，主配压阀相应地向开启或关闭方向运动。

当主配压阀活塞达到微机调节器的控制值时，驱动放大器控制比例伺服阀回零，使主配压阀活塞停在与微机调节器的控制值成比例的位置，从而实现微机调节器控制值对 FC 阀活塞位置的比例控制。

图 2-11 所示为中间平衡位置，P 和 T 分别为压力油和回油，A 和 B 分别送至接力器的关闭腔和开启腔。辅助接力器由图中左端的小腔（恒压腔）和图中右端的大腔（控制腔）组成，其面积比近似为 1/2，恒压腔接主配压阀的工作油压，控制油腔是由比例伺服阀控制。当比例伺服阀使控制腔的油压约为工作油压的 1/2 时，控制腔和恒压腔对主配压阀活塞的作用力大小相等、方向相反，主配压阀活塞保持静止状态。如果控制腔接通压力油，控制腔的压力上升，主配压阀活塞向左端（开机方向）运动，使 P 与 B 接通，T 与 A 接通，使接力器开启。如果控制腔接通回油，控制腔的压力下降，主配压阀活塞向右端（关机方向）运动，使 P 与 A 接通，T 与 B 接通，接力器向关机方向运动。

电源消失时，比例伺服阀阀芯处于故障位，控制油口接通回油，主配压阀主活塞处于使接力器关闭的位置。

图 1-11 中右端有开机和关机时间调节螺母，可以根据机组调节保证计算调节螺母位置，整定接力器的开启和关闭时间，调整完成后可靠地锁紧螺母；对于要求有两段关闭特性的，整定的是快速工作区间的关机时间，慢速工作区间的关机时间由分段关闭阀整定。

FC 型压阀还可以装设两段关闭电磁阀（或液压阀），从而使主配压阀自身实现对接力器的两段关闭速率控制。

FC 型主配压阀的技术参数：

容量系列：FC1250、FC5000、FC20000。

最大流量（L/s）/活塞行程（mm）：FC1250 的为 31.7/12；FC5000 的为 116.7/17；FC20000 的为 395.0/25。

清江水布垭电厂选用的是 FC5000 阀组，实物图如图 2-12 所示。

图 2-12　FC5000 阀组实物图

2.立式机械液压控制型主配压阀

机械液压控制型主配压阀原理：

机械液压控制型主配压阀结构如图 2-13 所示。这是一种带有辅助接力器的液压控制型主配压阀，与其接口的电液转换器必须是电液伺服阀，比例伺服阀和电动机驱动控制阀的电液转换器均可以对它进行控制。

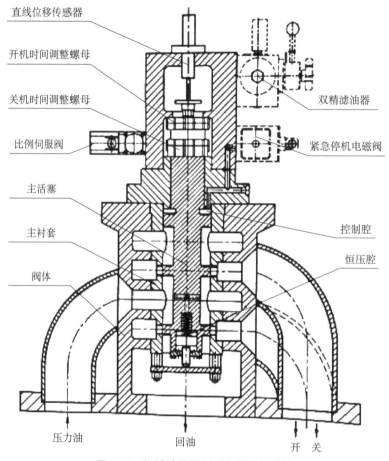

图 2-13　机械液压控制型主配压阀结构

机械液压控制型主配压阀由阀体、主配压阀活塞（含辅助接力器）与衬套以及开机和关机时间调整螺母等组成，紧急停机电磁阀和双滤油器也可以装配在其集成块上，可以装设主配压阀拒关闭行程开关。

主配压阀的辅助接力器为差压式，控制腔（大腔）面积大约等于恒压腔（小腔）面积的两倍。主配压阀工作油接到辅助接力器恒压腔，比例伺服阀或交流伺服电动机自复中装置／控制阀的控制油经过紧急停机电磁阀送至主配压阀辅助接力器的控制腔。比例伺服阀或交流伺服电动机自复中装置／控制阀在中间平衡位置时，主配压阀活塞处于静止不动的状态；微机调节器信号使比例伺服阀或交流伺服电动机自复中装置／控制阀向开启方向运动，主配压阀辅助接力器控制腔压力下降，主配压阀活塞向上运动，接力器开启；反之，微机调节器信号使比例伺服阀或交流伺服电动机自复中装置 / 控制阀向关闭方向运动，主配压阀辅助接力器控制腔压力上升，主配压阀活塞向下运动，接力器关闭。

要想实现电–液转换装置对主配压阀输出流量的比例控制，必须从主配压阀活塞的位移引出电气或机械反馈，一方面可以使辅助接力器（是一个积分环节）与反馈构成惯性环节，另一方面也可以为机械液压系统的故障检测提供信息。

如果在机械位移控制型主配压阀上端连接交流伺服电动机 / 控制阀装置，则主配压阀活塞的位移直接带动控制阀的衬套，在油路中再增加一个切换阀，使它选择比例伺服阀或交流伺服电动机 / 控制阀装置对主配压阀的控制，即可构成有主 / 辅通道的机械液压系统，并具有电源消失时机械位移控制型主配压阀复中的功能。

主要技术参数：

额定工作油压：2.5MPa、4.0MPa、6.3MPa

主配压阀直径系列（主配压阀工作行程）：80（±10）mm、100（±15）mm、150（±20）mm、200（±25）mm、250（±25）mm。

3. 立式机械位移控制型主配压阀

机械位移控制型主配压阀结构如图 2-14 所示。这是一种带有引导阀的、机械位移控制、直联型主配压阀，应采用机械位移输出的电液转换器对其进行控制。主配压阀的引导阀活塞为微差压式，它始终有一个向上的作用力，因而引导阀活塞随动于电动机转换装置的位移。在引导阀对主配压阀的辅助接力器的控制下，主配压阀活塞的位移等于引导阀活塞位移，所以，主配压阀活塞也随动于电液转换器的机械位移。尽管装设主配压阀活塞的位移传感器并不是必需的，但是，配置主配压阀活塞的位移传感器可以为机械液压系统的故障检测提供更可靠的信息。

主配压阀由阀体、主配压阀活塞（含辅助接力器）与衬套、引导阀活塞与衬套以及开机和关机时间调整螺母等组成，紧急停机电磁阀和双滤油器也装配在其集成块上，可以装设主配压阀拒关闭行程开关。

工作原理：

机械位移控制型主配压阀活塞下部的小腔（恒压腔）和上部的大腔（控制腔）组成辅助接力器，大腔的面积约等于小腔面积的 2 倍；小腔通以主配压阀工作压力油，使活塞有一恒定向上的作用力，其控制腔油压由引导阀控制。图 2-14 所示的为中间平衡位置，引导阀活塞正好搭接引导阀衬套的工作窗口，辅助接力器控制腔油压约为工作油压的 1/2，主配压阀辅助接力器控制腔受到的向下作用力等于辅助接力器恒压腔的向上的作用力，主配压阀活塞处于静止不动的状态。

在电液转换器控制下，引导阀活塞随动向上运动，引导阀工作窗口与回油腔接通，主配压阀辅助接力器控制腔油压减小，主配压阀活塞在辅助接力器恒压腔液压力的作用

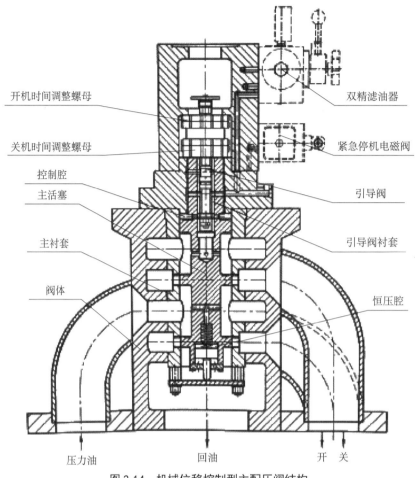

图 2-14　机械位移控制型主配压阀结构

下也向上运动。这时，主配压阀至接力器的开启窗口接通压力油，接力器关闭窗口接通排油；压力油进入接力器开启腔，接力器关机腔与主配压阀回油腔接通，接力器向开启方向运动。

在电液转换器控制下，引导阀活塞向下运动，引导阀工作窗口与压力油接通，主配压阀辅助接力器控制腔油压增大，主配压阀活塞在辅助接力器控制腔力的作用下向下运动。这时，主配压阀至接力器的开启窗口接通排油，接力器关闭窗口接通压力油；压力油进入接力器关闭腔，接力器开启腔与主配压阀排油腔接通，接力器向关闭方向运动。

机械位移控制型主配压阀活塞上部有接力器开机和关机时间的调节螺母。调整螺母位置可分别限制主配压阀活塞向上（开启）和向下（关闭）的最大工作行程，从而控制主配压阀工作油口的最大开口和进入接力器的最大流量，满足不同的接力器要求的最小开机及关机时间。

经过双滤油器的压力油送到引导和紧急停机电磁阀，当紧急停机电磁阀动作时，压力油进入引导活塞的上端油腔，使引导阀活塞向下运动、主配压阀活塞向下运动，从而接力器紧急关闭。

主要技术参数如下：

额定工作油压：2.5MPa、4.0MPa、6.3MPa。

主配压阀直径系列（主配压阀工作行程）：80（±10）mm、100（±15）mm、150（±20）mm、200（±25）mm、250（±25）mm。

2.3　调速器电液转换器与主配压阀组成的常见控制方式

2.3.1　交流伺服电动机自复中式机械液压系统

伺服电动机控制的机械位移控制型主配压阀的原理图如图 2-15 所示。

机械液压柜电液随动系统具有三级液压放大，第一级是伺服电动机直线位移转换器，第二级是由引导阀和辅助接力器组成的液压放大器，第三级是由主配压阀和主接力器组成。伺服电动机直线位移转换器主要分三部分：电动机、联轴套、滚珠丝杆副为第一部分；丝杆螺母与输出杆为第二部分；定位器、转动套、底座为第三部分。直线位移转换器结构采用了较大螺距的滚珠丝杠螺母副作传动机构，将伺服电动机的角位移转换为输出杆的直线位移。传动精度好、效率高，不会自锁，当伺服电动机失去电力驱动，转动力矩消失的时候，在定位器的作用下，自动回复到中间位置。电动机与滚珠丝杠通过联轴器套相连，丝杠螺母与输出杆相连，定位器通过座上的锥度凹槽，在弹簧力的作用下，驱使输出杆回复到中位，接力器也就能停止在当前开度位置。主配压阀（含引导阀）由阀体、主配压阀活塞与衬套、引导阀活塞与衬套以及开、关机时间调整螺母等组成。电动机顺时针（或手柄逆时针）转动，伺服电动机直线位移转换器输出杆上移，引导阀阀芯在其下部弹簧的向上力的作用下上移，主阀活塞控制油腔与回油接通，主阀活塞在下部油腔的压力和下部弹簧力作用下向上移。这时，主阀衬套相应工作窗口打开，接力器关腔与主阀压力油腔通，接力器开腔与主阀回油腔通，接力器向关侧运动。当电动机逆时针转动（或手柄顺时针）时，主配压阀活塞下移，接力器便向开侧运动。

2.3.2　比例伺服阀控制的机械液压系统

图 2-16 所示（省略掉中间阀组）为比例伺服阀式机械液压系统原理图。系统的电液转换器采用比例伺服阀，比例伺服阀的输出控制油路，经过带差压式辅助接力器的液压控制型主配压阀（例如：FC 阀）的控制腔，主配压阀的输出油路控制接力器的开启

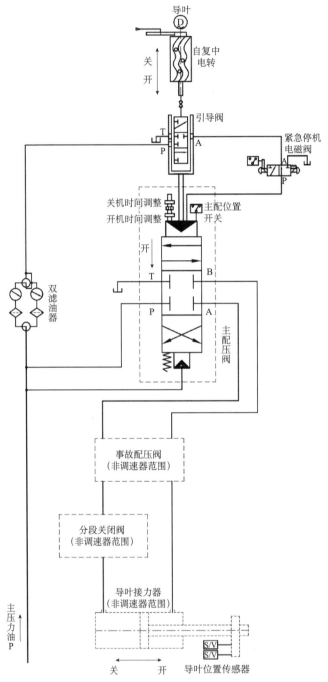

图 2-15　伺服电机控制的机械位移控制型主配压阀的原理图

和关闭。

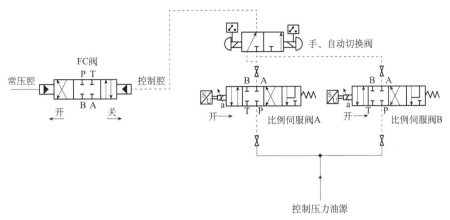

图 2-16　比例伺服阀式机械液压系统

2.3.3　双喷嘴挡板式流量输出型电液伺服阀控制的主配压阀

双喷嘴挡板式流量输出型电液伺服阀通过控制主配压阀，从而控制接力器的开启和关闭。主配压阀及主接力器的工作原理如图 2-17 所示。

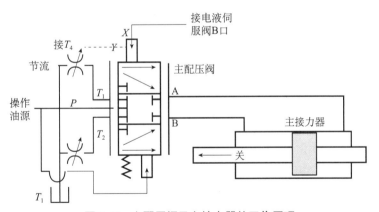

图 2-17　主配压阀及主接力器的工作原理

图 2-17 中标出了主配压阀与主接力器及其他相关元件之间的油路联系。实际上主配压阀作为液压放大元件，它本身是一个带有液压引导的四通滑阀。当电液伺服阀无调节信号输出时，主配压阀的阀盘处于中间位置，油路不通，除了少量泄漏外，不消耗压力油。因而，通常又称其为断流式液压放大装置。接力器实际上就是一个液压缸，它是跟随主配压阀活塞运动的，只有主配压阀位于中间位置时，接力器才相应稳定于一个位置，所以主接力器是一个积分环节。它和主配压阀构成了一个液压功率放大器。

2.3.4 数字阀式控制系统

采用脉冲式数字阀作为电液转换器是当前中、小型微机调速器的一个发展趋势。数字阀是一种具有两个或三个稳定状态的断续式电磁液压阀，具有机械液压系统结构简单、安装调试方便、可靠性高等优点。

其组成主要包括阀体、电磁铁、经过硬化处理的阀系统以及作为关闭件的球，并设置手动按钮，便于调速器的手动操作。一般用于小型调速器，可直接用于驱动接力器。

2.4 水轮机调节系统中的其他常见阀组

2.4.1 事故配压阀

事故配压阀是一种二位六通型换向阀，用于水电站水轮发电动机组的过速保护系统中，当机组转速过高（一般整定为115%机组额定转速），主配压阀活塞关闭拒动、调速器关闭导水机构操作失灵时，事故配压阀接收过速保护信号动作，其阀芯在差压作用下换向，将调速器主配压阀油路切断，油系统中的压力油直接操作导水机构的接力器，紧急关闭导水机构，防止机组过速，为水轮发电动机组的正常运行提供安全可靠的保护。事故配压阀必须与机组过速检测装置及液压控制阀配合使用。

机组过速保护系统原理：机组过速保护系统原理如图 2-18 所示。一般采用安装于机组主轴上的机械式过速开关，它是基于离心力与弹簧平衡的原理工作的。当机组转速上升至整定的一次过速整定值时，主轴上旋转的重块弹出并使过速检测开关动作，在同时满足主配压阀拒关闭节点有效的条件下，控制阀使事故配压阀换位，切断主配压阀的油路，使接力器紧急关闭。有的系统还串接了事故电磁配压阀，它可以接受相应的电气信号（如机组转速过高、主配压阀活塞关闭拒动）使事故配压阀动作。

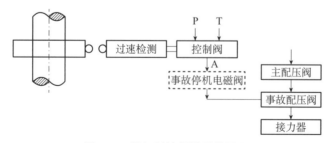

图 2-18　机组过速保护系统原理

事故配压阀工作原理：事故配压阀的结构如图 2-19 所示。事故配压阀由阀体、阀芯、限位螺钉等组成；P 腔为压力油，T 腔接排油，A 腔接压力油，B 腔为事故配压阀控制油腔。与之相连的工作油腔有：主配压阀开启油腔、主配压阀关闭油腔、接力器开启油腔、接力器关闭油腔。事故配压阀接在主配压阀至接力器的油路中，如果系统有分段关闭装置，则连接顺序为：主配压阀，事故配压阀，分段关闭阀，接力器。

事故配压阀结构示意图如图 2-19 所示，控制油腔 B 接通压力油，事故配压阀阀芯运动到左极端位置；P 腔（压力油）和 T 腔（排油）被切断，主配压阀开机腔与接力器开机腔相通，主配压阀关机腔与接力器关机腔相通，接力器受控于主配压阀，事故配压阀仅仅提供了一条主配压阀至接力器的油流通道。当调速器发生故障致使主配压阀无法控制接力器关闭导水机构时，机组转速会升高，当机组转速到达机组过速动作值时，过速保护装置使控制事故配压阀 B 腔的二位三通电磁阀换向，将压力油切断，B 腔接回油，事故配压阀就转入停机位。

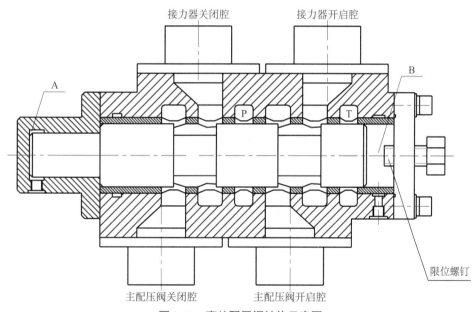

图 2-19　事故配压阀结构示意图

此时，事故配压阀阀芯在图 2-19 所示右极端位置；接力器关闭腔与 P 腔（压力油）相通，接力器开机腔与 T 腔（排油）相通，来自主配压阀的开机腔和关闭腔油路均被切断，接力器不受主配压阀的控制，在事故配压阀的控制下接力器紧急关闭。在事故配压阀工作在起作用的位置时，由事故配压阀整定接力器第一段关闭时间。图 2-19 所示的是在其右端加装可调的事故配压阀活塞的限位装置，以整定接力器第一段关机速率。另一种方式可以在其排油腔 T 中加装节流阀，整定接力器第一段关机速率。

值得着重指出的是，对于有事故配压阀和分段关闭特性要求的调速器，接力器第一段快速关闭速率必须在两种工况下整定，并均满足以下第一段关闭速率的要求：

（1）事故配压阀不动作的正常工况下，在主配压阀上整定接力器第一段（快速）关闭速率。

（2）事故配压阀动作的工况下，主配压阀不起作用，在事故配压阀上整定接力器第一段（快速）关闭速率。

事故配压阀工作特性如下：

事故配压阀额定通径：80mm、100mm、150mm、200mm、250mm，动作延迟时间：小于 0.2s。

清江高坝洲电厂采用的就是这种事故配压阀，实物图如图 2-20 所示。

图 2-20　高坝洲电厂事故配压阀实物图

2.4.2　分段关闭装置

在水电站的工程实际中，由于其水工结构、引水管道、机组转动惯量等因素的影响，经过调节保证计算，要求调速器的接力器在紧急关闭时有导叶分段（一般为两段）关闭特性，即在导叶紧急关闭过程中，要求按拐点区分成关闭速度不同的两段（或多段）关闭特性，导叶分段关闭装置就是实现这种特性的装置。

分段关闭装置是由主接力器的预定位置开始直到全关闭位置（不包括接力器端部的延缓段），使主接力器速度减缓的装置。导叶分段关闭装置由导叶分段关闭阀和接力器拐点开度控制机构组成，后者包括拐点检测及整定机构和控制阀。拐点开度控制机构可以是基于纯机械液压的工作原理制成的，也可以是由电气与液压相结合的工作原理制成的，前者可称为"机械式"导叶分段关闭装置，后者则是"电气式"导叶分段关闭装置。对于要求具有导叶分段关闭特性的调速器，必须引入接力器位移的机械或电气信号。

当采用纯机械液压式拐点检测及调整机构和控制油路来控制分段关闭阀（即"机械式"导叶分段关闭装置）时，系统动作与调速器工作电源无关，可靠性高；但是，由于必须利用凸轮使接力器运动时控制切换阀换位，机械系统复杂，有的电站在布置上也有一定的困难。采用"电气式"导叶分段关闭装置的优点是在布置上十分方便。但是，必须十分重视其控制电源及控制回路的可靠性，一般应采用两段厂用直流电源对切换电磁阀回路供电。

如果系统有事故配压阀，则导叶分段关闭阀应设置在事故配压阀与接力器之间的油路中。图 2-21 所示为机械式导叶分段关闭系统。接力器在主配压阀运动过程中带动凸轮机构，到达切换拐点时，使控制阀换关闭位。改变其控制油口 A 和 B 的状态组合，通过分段关闭阀改变主配压阀送到接力器的流量，使接力器具有不同的关闭速度。P 控制值得着重指出的是，在接力器位移凸轮机构 / 控制阀和分段关闭阀的布置上，一定要使二者尽可能靠近安装，以减小控制阀至分段关闭阀的油管长度。实际调试经验表明，先导控制阀至分段关闭阀的油管过长，将使分段关闭阀动作延迟，导致实际两段关闭接力器拐点数值与整定值不相符合，使接力器实际的分段关闭特性不满足设计要求。

导叶分段关闭阀是一种两段或多段式关闭阀，这里仅仅以两段式关闭阀为例说明。导叶接力器 100% 开度至拐点开度是第一段（快速关闭）工作区域，接力器关闭速率由主配压阀和事故配压阀整定；从拐点开度至导叶全关开度为第二段（慢速关闭）工作区域，接力器的关闭速率在分段关闭阀上设置。导叶分段关闭阀安装在调速器主配压阀与接力器之间的油路上，通过对接力器关闭油腔的控制，接力器具有两段不同的关闭速度，以满足水轮机系统调节保证计算的要求。接力器的开启工作特性不受导叶分段关闭阀的控制。

导叶分段关闭阀结构示意图如图 2-21 所示。

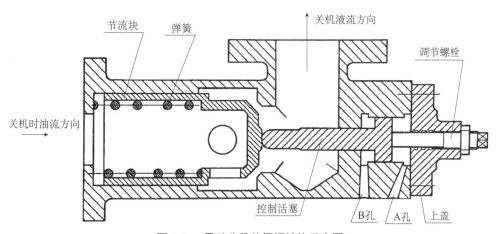

图 2-21　导叶分段关闭阀结构示意图

导叶分段关闭阀的原理：导叶分段关闭阀由节流块、弹簧、控制活塞和调节螺栓等构成，它接在主配压阀至接力器的开机油路中，控制活塞由接力器导叶分段关闭控制阀送来的 A 孔和 B 孔油压控制。接力器关机时的油流方向如图 2-21 所示。主配压阀和事故配压阀整定第一段关机时间，分段关闭阀限制第二段关机速度。

在第一段（快速关闭）工作区域，A 孔接压力油、B 孔接排油，活塞控制节流块移至图中最左端位置，节流块与阀体的节流口完全打开时，导叶分段关闭阀不起截流作用。接力器按主配压阀整定的第一段速度快速关闭。当接力器关闭到两段关闭拐点开度时，接力器驱动凸轮变位，控制阀起作用，A 孔接排油、B 孔接压力油，活塞运动至图中右端被调节螺栓限制的位置。在弹簧的作用下，节流块向右运动到与活塞接触，形成节流块与阀体的节流口，接力器按节流口整定的第二段速度慢速关闭。

当接力器开启时，导叶分段关闭阀油流反向，在油流的作用下，节流块运动至图中左边极端位置，节流块与阀体的节流口完全打开，导叶分段关闭阀不起截流作用，接力器按主配压阀整定的开机速度开启，与接力器位置和活塞、调节螺栓位置无关。

导叶分段关闭装置工作特性：

接力器拐点开度控制机构调节整定两段关闭特性拐点，接力器拐点开度整定范围为 10% ～ 80%，控制导叶分段关闭阀的 A 孔和 B 孔的油路。

导叶分段关闭阀额定通径有 80mm、100mm、150mm、200mm、250mm。

2.4.3　紧急停机阀

紧急停机电磁阀是微机调速器的一个事故状态下的保护装置，当任何原因使机组转速上升并超过规定值时，机组 LCU（或二次回路）将控制紧急停机电磁阀动作，使接力器紧急关闭以保证机组的安全。

紧急停机电磁阀一般为单线圈、电气控制的二位三通电磁换向阀，工作电压为直流 24V。动作电气特性可分为两种：得电紧急停机和失电紧急停机。在非紧急停机的正常工作状态，后者的工作线圈长期通电，前者则是线圈通电后转换到紧急停机状态。紧急停机电磁阀应设计在最靠近主配压阀的油路处，在正常工作状态，紧急停机电磁阀应不影响调速器电液转换器的工作。在紧急停机状态，紧急停机电磁阀有两种工作方式：切断正常工况的控制油路，视主配压阀结构向它提供压力油或排油，使主配压阀紧急关闭；不切断正常工况的控制油路，向主配压阀（引导阀）送去压力油或排油，使主配压阀紧急关闭。

微机调速器也有采用双线圈控制的紧急停机电磁阀结构，一个线圈通电为紧急停机状态，另一个线圈通电为正常工作状态，两个线圈都是短时通电方式。一个线圈脉冲通电，紧急停机电磁阀即切换并维持对应的状态；另一个线圈脉冲通电，紧急停机电磁阀即切换并维持新的状态。

有的调速器在装设紧急停机电磁阀的同时，还配有手动停机阀与其串联，其工作原理与紧急停机电磁阀类似，但它是由运行人员手动操作的。

2.5 微机调速器典型机械液压系统

下面将介绍目前具有代表性的、在实际工程中得到成功应用的几种微机调速器机械液压系统，并简要分析其工作原理和特点。

2.5.1 比例伺服阀式机械液压系统

图 2-22 所示为比例伺服阀式机械液压系统。系统的电液转换器采用比例伺服阀，比例伺服阀的输出控制油路经过电动紧急停机电磁阀送到带差压式辅助接力器的液压控制型主配压阀（如 FC 阀）的控制腔，主配压阀的输出油路经过事故配压阀控制接力器的开启和关闭。

主配压阀也可以采用国内设计生产的带差压式辅助接力器的液压控制型主配压阀，也可以选用 GE 公司生产的 FC 主配压阀。

2.5.2 交流伺服电动机自复中式机械液压系统

图 2-23 所示为交流伺服电动机自复中式机械液压系统。系统的电液转换器采用交流伺服电动机自复中式电液转换器，将微机调节器的调节信号转换为与其成比例的机械位移信号并带动引导阀针塞，引导阀的输出油路经过电动紧急停机电磁阀送到带差压式辅助接力器的液压控制型主配压阀（例如，FC 阀）的控制腔，主配压阀的输出油路经过事故配压阀和分段关闭阀控制接力器的开启或关闭。

交流伺服电动机自复中机构是由交流伺服电动机自复中装置和它驱动的控制阀（引导阀）组成的。其特点是能与液压控制型主配压阀接口，在微机调节器断电时可以使主配压阀活塞保持在中间平衡位置。微机控制器控制的交流伺服电动机驱动自复中机构带动控制阀的针塞，控制阀衬套由主配压活塞的反馈机构带动，完成电气信号到液压信号的转换。

交流伺服电动机自复中机构采用大螺距、不自锁的滚珠丝杠／螺母副作为传动转换元件，它的传动死区小、效率高。电动机与滚珠丝杠通过联轴套相连，螺母与输出杆相连，伺服电动机的角位移通过滚珠丝杠／螺母副传动，转换为输出轴的直线位移。控制

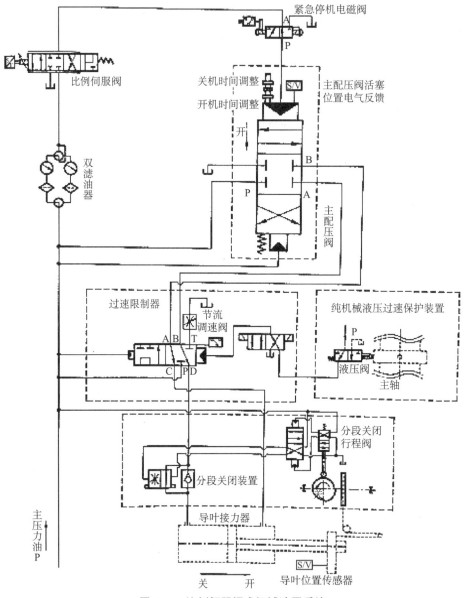

紧急停机电磁阀

比例伺服阀

关机时间调整
开机时间调整

S/V 主配压阀活塞位置电气反馈

双滤油器

主配压阀

过速限制器

节流调速阀

纯机械液压过速保护装置

液压阀

主轴

分段关闭行程阀

分段关闭装置

主压力油 P

导叶接力器

关　开

S/V

导叶位置传感器

图 2-22　比例伺服阀式机械液压系统

阀主要由阀芯和衬套组成。阀芯随动于自复中机构的输出轴，衬套随动于主配压阀活塞硬反馈机构。硬反馈机构一端连接主配压阀主活塞，它采集主活塞的左右位移信号；另一端连至控制阀的衬套，于是主活塞的位移信号按一定的比例反馈为控制阀的衬套位移。

　　控制阀实质上是一个引导阀，其阀芯由交流伺服电动机自复中装置驱动，而衬套则连接来自主配压阀活塞的机械反馈，其控制油口送至主配压阀辅助接力器的控制腔（大腔）；主配压阀辅助接力器的小腔接恒定工作油压，实现交流伺服电动机自复中装置的位移和主配压阀活塞位移的比例控制，在电源消失或在手动工况时，交流伺服电动机的驱动力矩消失，复中弹簧驱动输出轴回到中间平衡位置，从而由它控制的控制阀活塞也

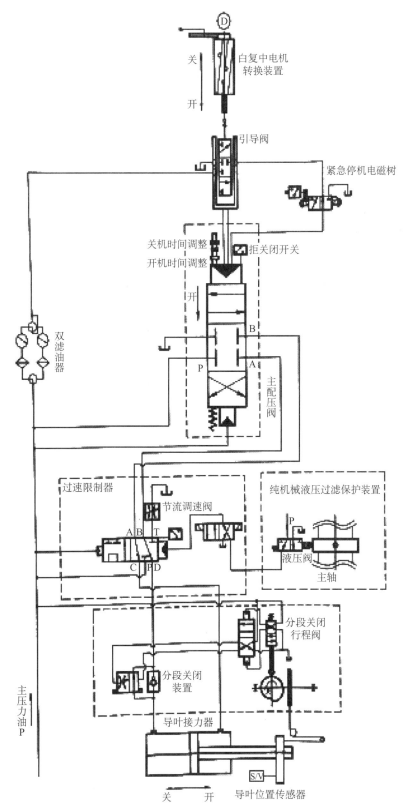

图 2-23　交流伺服电机自复中式机械液压系统

能回到中间平衡位置，与主配压阀活塞反馈一起使主配压阀活塞回到中间平衡位置，接力器保持在原来的稳定位置。

纯机械手动时，顺时针旋转手柄，接力器关闭；松开手柄，自动复中，接力器停止运动；逆时针旋转手柄，接力器开启；松开手柄，自动复中，接力器停止运动。

清江高坝洲电厂采用的就是类似形式的调速器液压系统。

2.5.3 双比例伺服阀式机械液压系统

图 2-24 所示为双比例伺服阀式机械液压系统。系统的电液转换器采用两个同样型号的比例伺服阀 A 和 B，是一个冗余的电液转换器系统结构。切换阀选择双比例伺服阀 A 和 B 之一的输出控制油路，控制用油经过电动紧急停机电磁阀、手动紧急停机阀送到带差压式辅助接力器的液压控制型主配压阀（例如，FC 阀）的控制腔。主配压阀的输出油路经过事故配压阀控制接力器的开启或关闭。主配压阀可以采用国内设计生产的带差压式辅助接力器的液压控制型主配压阀，也可以选用 GE 公司的 FC 主配压阀。

微机调节器将接力器计算位移 YPID 与接力器实际位移反馈 YJ 比较后，得到差值 $\Delta Y=$YPID$-$YJ；差值 ΔY 转换为 $4 \sim 20$mA 的电气信号 ΔIY，输出到比例伺服阀 A 或 B 的综合放大器；综合放大器将此差值与比例伺服阀 A 或 B 的阀芯位移 ΔYB 的反馈信号

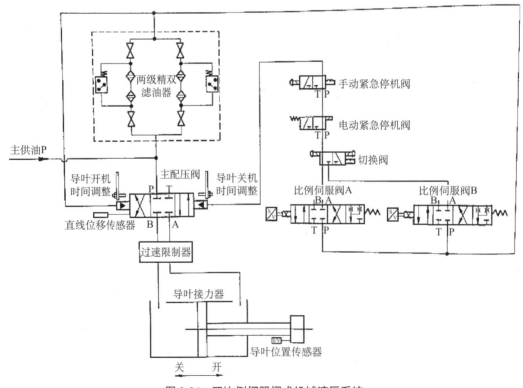

图 2-24 双比例伺服阀式机械液压系统

ΔIB（在比例伺服阀 A 或 B 内部）和主配压阀活塞位移 ΔYZ 的反馈信号 ΔIZ（从 S/V 取出）进行比较和放大，控制比例伺服阀 A 或 B 工作。

当 YPID=Y 时，$\Delta Y=0$，$\Delta IY=12mA$，对应于比例伺服阀 A 或 B 和主配压阀的中间平衡位置，接力器处于静止状态；当 YPID > Y 时，$\Delta Y > 0$，$\Delta IY > 12mA$，比例伺服网 A 或 B 控制主配压阀向开启方向运动，主配压阀活塞位移与 ΔI 的绝对值成正比，接力器开启；当 YPID < Y 时，$\Delta Y < 0$，$\Delta IY < 12mA$，比例伺服阀控制主配压阀向关闭方向运动；主配压阀活塞位移 ΔYZ 与 ΔY 的绝对值成正比，接力器关闭。

清江水布垭电厂采用的就是类似的液压系统配置。

2.5.4　中小型机组微机调速器机械液压系统

图 2-25 所示为中、小型机组微机调速器机械液压系统原理，图中的大波动换向阀和小波动换向阀是组合阀形式的换向阀，即先导电磁滑阀和输出液动阀集成为一体。对于接力器容量小的调速器，可以直接选用不带输出液动阀的 WE 型湿式电磁换向阀。

接力器开启过程：经微机控制器或手动控制大波动换向阀或小波动电液动换向阀的先导阀至开启位置（图中向右运动），电磁先导阀的 B 口接通压力油，电磁先导阀的 A

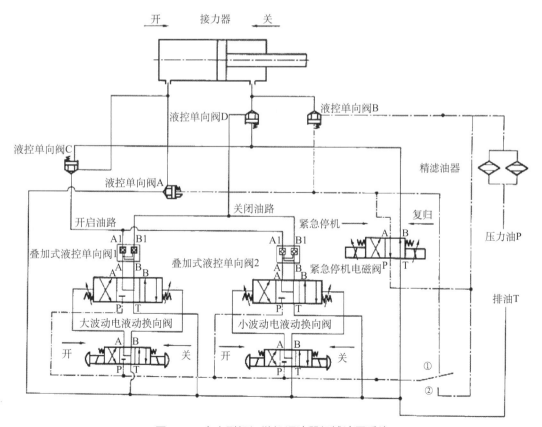

图 2-25　中小型机组微机调速器机械液压系统

口接通排油，驱动大波动换向阀的输出液动阀或小波动电液动换向阀向左运动（开启方向）；换向阀的输出液动阀的 A 口接通压力油，B 口接通排油，接力器向开启方向（图示向右）运动。微机控制器或手动控制撤销开机控制，换向阀的电磁先导阀恢复中间位置，使输出液动阀也回到中间平衡位置，接力器停止开启运动，保持在静止不动状态。

接力器关闭过程：经微机控制器或手动控制大波动电液动换向阀或小波动电液动换向阀的电磁先导阀至关闭位置（图中向左运动），电磁先导阀的 B 口接通压力油，先导阀的 A 口接通排油，驱动大波动电液动换向阀或小波动电液动换向阀的输出液动阀向右运动（关闭方向）；电液动换向阀的输出液动阀的 A 口接通排油，B 口接通压力油，接力器向关闭方向（图示向左）运动。微机控制器或手动控制撤销关闭控制，电液动换向阀的电磁先导阀恢复中间位置，使输出液动阀也回到中间平衡位置，接力器停止关闭运动，保持在静止不动状态。

紧急停机过程：电站二次回路控制（或手动操作）紧急停机电磁阀至紧急停机位置（图示向右运动），紧急停机电磁阀 A 口接排油，B 口接压力油；液控单向阀 C 和 D 控制腔接通压力油，处于关闭状态，切断大波动电液动换向阀和小波动电液动换向阀与接力器的油路联系，即此时无论大波动电液动换向阀和小波动电液动换向阀处于何种状态，均不会影响到接力器的运动。开启油路中的液控单向阀 A 的控制腔接排油，使接力器开启腔接通排油，关闭油路中的液控单向合阀 B 的控制腔接压力油，使接力器关闭腔接通压力油，从而接力器紧急关闭到全关闭位置。大波动电液动换向阀和小波动电液动换向阀的压力油 P 口从紧急停机电磁阀 A 口取得压力油，这时紧急停机电磁阀的通径应该与大波动电液动换向阀和小波动电液动换向阀的通径一样。在紧急停机工况，大波动电液动换向阀和小波动电液动换向阀的压力油 P 口，从紧急停机电磁阀 A 口取得排油，即大波动电液动换向阀和小波动电液动换向阀没有压力油源，无论大波动电液动换向阀和小波动电液动换向阀处在何种状态，图中的两个叠加式液控单向阀的 A 口和 B 口均接通排油，从而大波动电液动换向阀和小波动电液动换向阀与接力器完全隔离。

当然，对于接力器容量小的调速器，采用图中①位的方式更为合适，而对于采用带输出液动阀的接力器容量大的调速器，则必须选用大通径的紧急停机电磁阀。

2.6 接力器

水轮机是利用水作为介质来工作的，由于大量的水流过导水机构会形成巨大的水力矩，因而操作导水机构就需要巨大的操作力矩。绝大多数水轮机调速器都需要外加能源和液压操作机构，这种操作机构主要是指接力器。

接力器的工作原理：接力器由活塞将缸体分为两腔，即开腔和关腔。接力器的开侧腔排油，关侧腔给压力油时，接力器活塞带动控制环，使导叶向关闭方向转动；反之，接力器活塞带动控制环使导叶向开启方向转动，当开关腔油管不给压力油和排油时，则水轮机在某个开度下运行。接力器的给压力油与排油是由水轮机调速器来控制的。

接力器的分类：目前使用的有直缸接力器和环形接力器两大类。直缸接力器包括导管直缸式、摇摆式、双直缸式和小直缸式。其中，导管直缸式又分为单导管直缸式和双导管直式两种；环形接力器又分为活塞固定缸运动式和缸固定活塞运动式两种。

2.6.1　导管直缸式接力器

由于导管直缸式接力器结构简单、制造方便、工作可靠，所以得到广泛应用。双导管直缸式接力器适用于中型机组；单导管直缸式接力器适用于大、中型机组；巨型水轮机由于顶盖尺寸大，采用双导管直缸式、摇摆式或环形接力器较为合理。

带导管的直缸接力器，主要由缸体、前后缸盖、活塞、活塞环、活塞销、瓦套、活塞杆、连接螺母、导管、缸盖密封、行程指示板和锁锭装置（装在其中一个接力器上）等部件组成。

由于接力器活塞为直线运动，而控制环为圆弧运动，在接力器活塞的运动过程中，控制环会使活塞杆产生一个较小的摆动。导管尾部法兰用螺钉固定在活塞端面上。当活塞移动时，由于活塞杆与活塞铰接，则活塞杆可以在导管内摆动，而导管与前缸盖之间只有相对直线运动，所以容易实现油封，这就是导管式直缸接力器的特构特点。

大中型水轮机通常采用两个接力器，一个设置接力器锁锭装置，另一个不设锁锭装置。接力器中间部分为缸体，在缸体内装有活塞和推拉杆，在活塞上固定着导管，对设置锁锭装置的接力器在前端盖前方装有锁锭缸，并带有锁锭装置。活塞与缸体间留有间隙，为防止活塞两侧窜油，在活塞上装有活塞环；为防止导管与缸盖处漏油，应装设盘根密封装置。当导叶关闭时，为避免活塞与缸体发生撞击，在活塞上与进油口位置对应处开有三角油口，关闭时遮住部分出油口，形成节流，起到缓冲作用。

活塞与推拉杆用圆柱销连接，推拉杆一般分为两段，中间用左右螺母连接，以便调整推拉杆长度，调整好后用螺母锁紧；另一段与控制环连接，在推拉杆上固定接力器行程指针，在指针上装有一螺栓，当导叶全关时，该螺栓顶住联锁装置连杆，使联锁阀退出，保证锁锭闸落下。

接力器锁锭装置的作用是当导叶全关时，把接力器活塞锁住在关机位置，防止导叶被水冲开，同时保证关闭紧密，减少漏水。

导管直缸式接力器结构图示意图如图 2-26 所示。

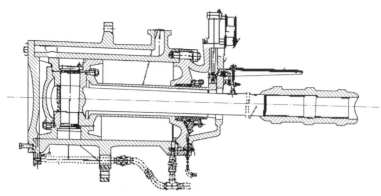

图 2-26　导管直缸式接力器结构示意图

2.6.2　摇摆式接力器

摇摆式接力器主要由缸体、活塞、推拉杆、销轴、配油套、固定支座、限位螺钉、密封以及油管等部件组成，如图 2-27 所示。与导管直缸式相比，其结构特点是：

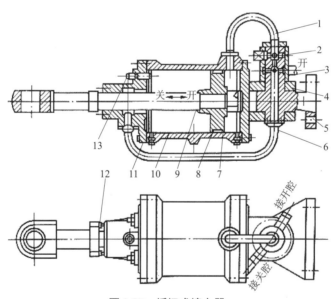

图 2-27　摇摆式接力器

1、6—U 形管；2—配油管；3—销轴；4—后端盖；5—固定支座；7—活塞环；8—活塞；9—推拉杆；
10—缸体；11—前缸盖；12—特殊螺钉；13—限位螺钉

推拉杆或活塞杆在操作中不发生摆动，而是缸体摆动，故而得名。

推拉杆为一根，与活塞用大螺母连接，与控制环用销轴连接。

接力器活塞的行程，用装在前缸盖上的闭侧限位螺钉和装在前缸盖凸部的开侧限位螺钉来调整。

活塞与缸体间留有间隙,为防止活塞两侧串油,在活塞上装有活塞环;推拉杆上带有凸台,以控制接力器行程。

摇摆式接力器的活塞缸是摆动的,因此在结构上特殊的地方是接力器后缸盖与固定支座用轴销过渡配合连接,动作时整个接力器以轴销为轴摆动。接力器给油问题比较复杂,采用 U 形管、Ⅱ 形管分别与接力器缸体和轴销两端固定,在接力器缸体摆动时,U 形管、Ⅱ 形管和轴销一起摆动同一角度。在轴销上开有油孔,分别与 U 形管和 Ⅱ 形管相通;在轴销上装有配油套,分为开关两腔,分别与压力油管相连并固定不动。为防止分油器漏油,在分油器轴与套之间装有三道 O 形密封圈。

摇摆式接力器的工作过程:当开腔给油时,压力油进入配油套(下腔),经轴销下方的油孔进入 Ⅱ 形管后,流入接力器开腔,使接力器打开;接力器关腔的油经 U 形管和轴销上方油孔及配油套关腔(上腔)进入油管而流回,在活塞移动的同时,接力器缸向某一方向摆动,当关腔给油时,动作过程与上述过程相反。

接力器后缸盖的两块尾板与销轴采用过渡配合,当接力器绕销轴摆动时,油管跟着接力器一同摆动。

2.6.3　环形接力器

环形接力器主要由缸体、活塞、缸盖、密封、节流阀、限位块等部件组成。图 2-28 所示为一种缸固定、活塞动的环形接力器,缸体固定在顶盖或支持盖上,缸体中间用隔板将缸体分成开、闭两腔。限位块用来限制和调整接力器活塞的开、闭侧行程。缸盖采用双层密封,里面有压环、导向环、垫环、弹簧和橡胶圈等。

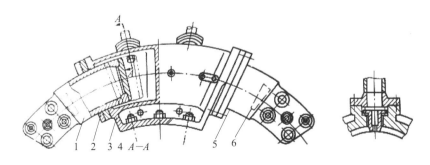

图 2-28　环形接力器

1—活塞;2—密封;3—缸体;4—截流阀;5—活塞;6—限位块

环形接力器的优点是结构紧凑、布置美观;缺点是加工比较困难,对顶盖或支持盖的刚度要求较高。

接力器的结构一般都比较简单,但比较笨重,因而检修时常使用起重设备。

接力器的检修重点是活塞环以及各处的密封。在抽出或装入活塞时,要注意避免损坏活塞环。活塞环为铸铁制品，抽活塞时，抽到活塞环处应缓慢，以免活塞环猛地弹开；装活塞时，最好先用工具将活塞环收紧。活塞环的磨损一般用活塞环开口处的间隙大小来鉴别，将活塞环从活塞上取下，放入接力器缸内的一定位置，并使活塞环与缸的法兰面平行（可用尺测量距离，使各处相等），然后用塞尺检查间隙的大小。间隙应符合图纸上的要求，如发现超差，应更换活塞环。有时，由于使用的汽轮机油不清洁，较大的颗粒往往会沉积在接力器中，运行中会拉坏接力器缸或活塞环，此时就要视具体情况决定是否更换。环形接力器由于活塞作周向运动，一般不装活塞环，而是用一定形状的橡皮作为活塞的密封。这种结构安装时要小心，不要让橡皮的止油边翻卷。另外，接力器都安装在水轮机室内，由于导叶的漏水，可能会使接力器的推拉杆（套管）生锈，这些锈蚀往往会造成漏油，因此平时要注意保养。

2.6.4　终端缓冲装置

为了避免接力器活塞运动到终端位置时接力器活塞与缸体发生碰撞现象，在接力器缸体两端部都设有缓冲装置，如图2-29所示，其工作原理非常简单，只要在接力器缸体两端适当位置上，铣一适当的斜槽——缓冲油槽即可。当活塞接近终端位置时，排油孔口的过油断面越来越小，排油阻力越来越大。因此，活塞的速度自然要大大降低。

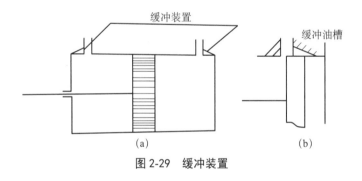

图 2-29　缓冲装置

流域内机组接力器结构介绍：三个电厂接力器均为导管式直缸接力器，结构如下；隔河岩电厂接力器（图2-30～图2-32）。

图 2-30　隔河岩电厂接力器实物图

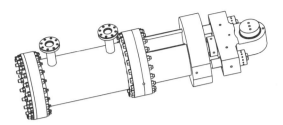

图 2-31　隔河岩电厂接力器外观图

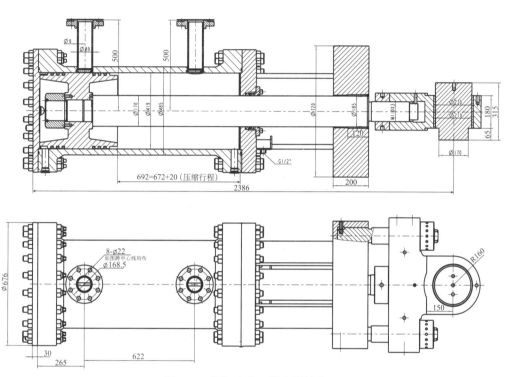

图 2-32　隔河岩电厂接力器结构图

高坝洲电厂接力器（见图 2-33、图 2-34）。

图 2-33　高坝洲电厂接力器实物图

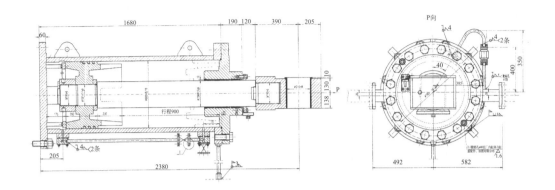

图 2-34 高坝洲电厂接力器结构图

水布垭电厂接力器（图 2-35、图 2-36）。

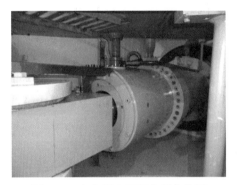

图 2-35 水布垭电厂接力器实物图

2.7 锁锭装置

　　锁锭装置是一种保护装置，它可以在导叶全关时，将接力器（或控制环）锁在全关位置。即使接力器内无油压，导叶也不会被水冲开。对锁锭装置的要求是能在现场手动投入和拔出锁锭，也能在远方操作投入和拔出锁锭，这样就可以将锁锭装置接入开停机的自动回路，开机前自动拔出，停机后自动投入。此外，还要求锁锭装置能在调速器油压降低到一定值（如事故低油压停机的油压）时，锁锭能自动投入，油压升高到安全允许值时能自动拔出。

　　锁锭装置一般装在导管直缸式接力器上，在导叶处于全关状态时，如果锁锭闸落下

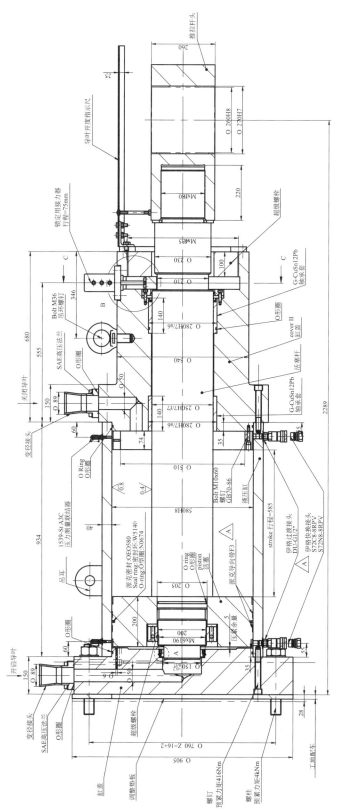

图 2-36　水布垭电厂接力器结构图

就能够挡住导管，因而能够防止接力器活塞向开侧移动，其结构如图2-37所示。

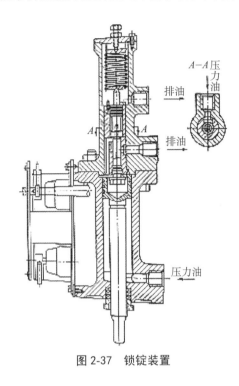

图 2-37 锁锭装置

（1）隔河岩电厂调速器自动锁锭装置（图2-38、图2-39）。

图 2-38 隔河岩电厂调速器自动锁锭装置

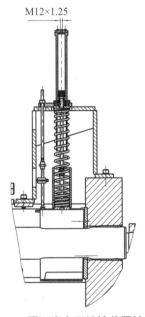

图 2-39 隔河岩电厂锁锭装置结构图

（2）高坝洲电厂调速器自动锁锭装置（图2-40、图2-41）。

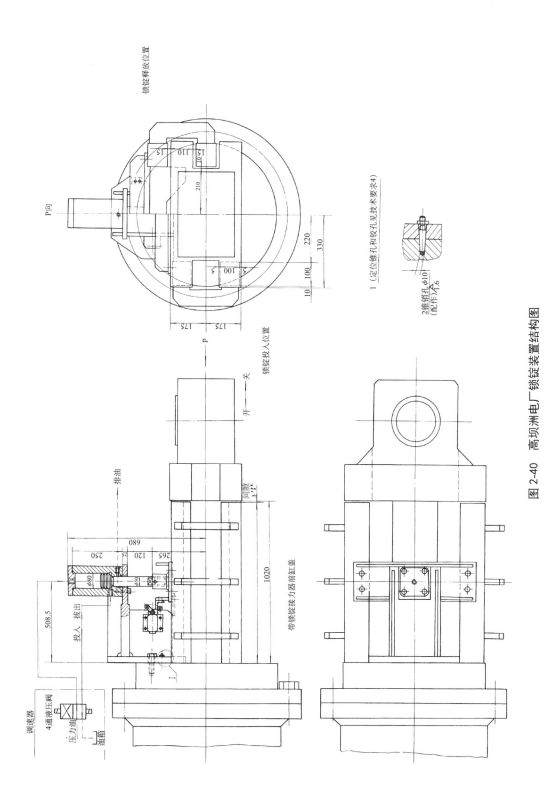

图 2-40　高坝洲电厂锁锭装置结构图

图 2-41　高坝洲电厂锁锭装置实物图

（3）水布垭电厂调速器自动锁锭装置（见图 2-42、图 2-43）。

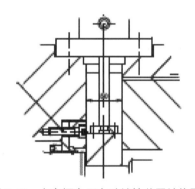

图 2-42　水布垭电厂自动锁锭装置实物图　　图 2-43　水布垭电厂自动锁锭装置结构图

2.8　推拉杆

　　在导水机构的传动系统中，推拉杆连接接力器和导叶控制环，导叶通过接力器的驱动达到同步转动。接力器固定在水轮机机组上，控制环绕水轮机主轴线转动。

图 2-44 所示为隔河岩电厂推拉杆实物图，图 2-45 为隔河岩电厂推拉杆结构图。

图 2-44　隔河岩电厂推拉杆实物图

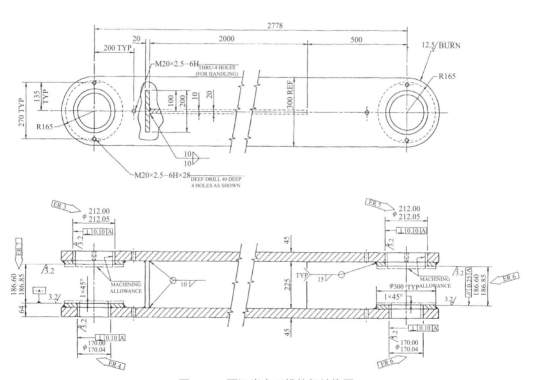

图 2-45　隔河岩电厂推拉杆结构图

高坝洲电厂推拉杆实物图如图 2-46 所示。

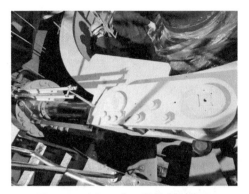

图 2-46　高坝洲电厂推拉杆实物图

水布垭电厂推拉杆（图 2-47、图 2-48）。

图 2-47　水布垭电厂推拉杆实物图

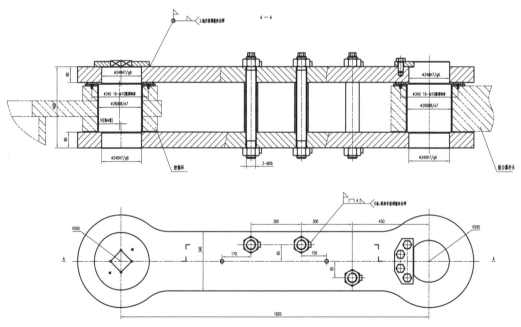

图 2-48　水布垭电厂推拉杆结构图

2.9 油泵

2.9.1 概述及原理

调速器油压装置一般采用螺杆油泵给压力油罐供油，分立式和卧式，结构大体相同。本节主要介绍螺杆泵的工作原理。螺杆泵的结构图如图 2-49 所示。三螺杆油泵是转子式容积泵，主从动螺杆上的螺旋槽相互啮合，加上它们与衬套三孔内表面的配合，在泵的进出油口间形成数级动密封腔，这些密封腔不断将液体从泵进口轴向移动到出口，使所输液体逐级升压，形成一个连续、平稳、轴向移动的压力液体。隔河岩电厂调速电动机油泵组合图如图 2-50 所示。

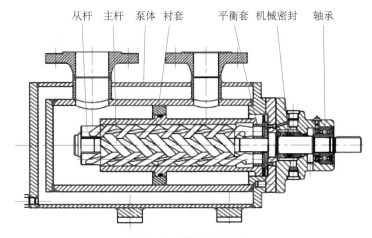

图 2-49　螺杆泵结构图

图 2-50　隔河岩电厂调速器电动机油泵组合

吸油管插入回油箱的清洁油区。油泵由交流电动机带动旋转，它根据油罐上压力开关发出的指令，间断性地投入运行，以补偿压力油罐内压力油的损耗。

螺杆油泵的外壳用铸铁制成，壳内有缸套，套内有三个平行的圆柱孔，它们之间是连接的，孔中装置了具有特殊断面形状且彼此啮合的三根钢制螺杆。位于中间的较大螺杆是主动螺杆，其上端伸出壳体外部，通过联轴器与油泵电动机相连。同主动螺杆啮合的两根小螺杆是从动螺杆，其螺纹方向以及旋转方向与主动螺杆相反，螺杆的凹槽空间与衬套内壁沿轴向形成密闭容积，将吸油室口与压油室隔开。主动螺杆旋转时，油从进油腔被吸入凹槽，然后沿轴向连续运动，压入出油腔。

主、从动螺杆及螺杆与衬套的配合间隙要求很精确。间隙大，油泵效率低；间隙小，又易出现螺杆咬死现象。螺杆泵设计、制造、组装精度要求很高。检修拆卸时，应对从动螺杆的左右位置做好标记，装配时不能调换，不准随意修磨螺杆和衬套。水布垭电厂油泵从动螺杆如图 2-51 所示。

图 2-51　水布垭电厂油泵从动螺杆

为平衡螺杆上的轴向推力，将吸油室侧每根螺杆的末端制成活塞形推力轴，再插入推力轴承内，螺杆的中心钻有通孔，引压力油到推力轴承内以平衡轴向力。主动螺杆的推力轴承铜套固定在推力盖上，从动螺杆的推力轴套是可动的，从动螺杆在运动时可自动调位。

三螺杆泵所输液体为各种不含固体颗粒、无腐蚀性油类及类似油类的润滑性液体，流量范围为 $0.2 \sim 590 \text{m}^3/\text{h}$，产品工作压力为 2.5MPa、4.0MPa、6.3 MPa。

三螺杆泵在结构、性能方面具有以下特点：

（1）结构简单。泵本身主要由泵体和三根螺杆组成，具有多种结构形式，一般流量为 $0.2 \sim 6.3/\text{h}$，压力为 2.5MPa 以下的小流量泵的泵体和衬套合为一体（统称泵体），立、卧式安装，进油口方向可以相隔 90°任意安装，轴封为端面机械密封，部分产品可设计为骨架油封。中等流量以上泵，衬套为一单独的零件，它固定于泵体内，安装形式分为分式和卧式，轴封形式根据输送介质的不同有端面机械密封和填料密封两种。

（2）寿命长。三螺杆泵的主动螺杆由原动机驱动，主、从动螺杆之间没有机械接触，之间不传递动力矩。主、从动螺杆之间，而且所输压力液体驱使从动螺杆绕轴心自转，主、从动螺杆之间、螺杆与衬套之间皆有一层油膜保护，彼此间接触应力和摩擦力甚小，因而，保证了螺杆泵的使用寿命。

（3）流量稳定，噪声低。所输液体在泵内作轴向匀速直线运动，输油过程连续，运转平稳无脉动，啮合部位密封良好，故液力脉动小、流量稳定、噪声低；由于转动部分惯性小，启动转矩和振动小。

（4）效率高。效率可达 75% 以上，属高效节能产品。

（5）具有高的吸入油液的能力。吸出高程高达 6.5m。

（6）能与水电控制设备配套，可立式或卧式安装；油泵有单、双出口；采用螺杆轴向力的低压或高压平衡方式。

为保证可靠供油及便于检修，大中型调速器的油压装置上设有备用油泵，并定期切换使用。一般可装设 2～4 台三螺杆油泵。其中，1 台为备用泵，其余 1～3 台作为工作泵。工作油泵依据压力罐的油压控制信号运行，若配置 3～4 台油泵，则 1 台工作油泵可以作为增压泵连续运行。油泵输送的压力油经双精过滤器、组合阀和电液控阀进入压力罐。

2.9.2　油泵的控制

以额定工作油压 6.3MPa 为例，油泵的控制过程如下：主用泵启动压力为（6.1±0.1）MPa；备用泵启动压力为（5.6±0.1）MPa；主、备用泵停止压力为 6.3MPa；最高压力整定为 6.5MPa（安全阀试验后再整定）；事故最低油压按设计时提供的数值整定；空气安全阀开启压力为 7.1MPa；组合阀内安全阀开启压力为 6.4MPa；低于6.9MPa 时全排；高于 5.67MPa 时则全关。

2.9.3　油泵检查及试验

油泵检查试验在首次启动油泵时进行。

油泵试运转试验：在油泵装配后启动前，向泵内注入油。空载运行 1h，分别在25%、50%、75% 额定油压下各运行 10min，再升至额定油压下运行 1h。要求油泵运转平稳，应无异常现象。

2.10 组合阀

2.10.1 概述

每台油泵装有组合阀，组合阀由安全阀、卸载阀/旁通阀、逆止阀、插装阀等组成。典型的组合阀原理如图 2-52 所示。水布垭电厂组合阀如图 2-53 所示。

在图 2-52 中，组合阀设有三个油口，组合阀进油口 P、出油口 P1 和回油口 T。P 口与油泵的出油口相连，出油口 P1 与压力油罐进口相通，回油口 T 与油箱相连。

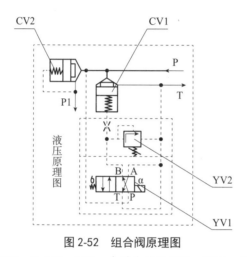

图 2-52　组合阀原理图

CV1—主阀；CV2—逆止阀；YV1—卸荷先导控制阀；YV2—安全先导控制阀

图 2-53　水布垭电厂组合阀

2.10.2　工作原理

1. 卸载 / 旁通阀

油压装置的螺杆泵在运行时是经常启动和停止的，由于电动机所带动的大功率螺杆泵具有大负载、大流量的特性，故电动机和油泵启动到稳定工作状态需要一定时间。如果启动时让其与压力油罐接通，直接带上负荷，则对螺杆泵、液压系统和厂内用电系统有瞬间、大的负荷冲击，这将影响的螺杆泵的运行性能、寿命及厂内电网的稳定。采用低油压启动的方法可以使螺杆泵启动时处于卸载状态，在卸载 / 旁通阀的控制下，螺杆泵在一定时间内逐渐带上负载，并在电动机转速达到一定值后，螺杆泵才输出工作压力正常、额定流量的压力油。

卸荷阀是由卸荷先导控制阀 YV1 与主阀 CV1 组成。

如液压控制原理图所示，油泵启动时，由于 P1 的作用，逆止阀 CV2 处于关闭状态，卸荷先导控制阀 YV1 是一个两位四通的电磁换向阀，开始时，电磁铁断电，主阀 CV1 控制腔的压力油通过电磁换向阀回油，无法建立起压力，油泵压力油流过 CV1 主油口回到油箱。当油泵启动 5 ～ 6s 后，电磁铁通电，换向阀换向，CV1 控制腔进压力油，使 CV1 关闭。从而 P 口压力达到额定压力值，单向阀打开向压力罐供油。停泵后，卸荷先导控制阀 YV1 又恢复初始断电状态。

当油压低于工作油压下限的 6% ～ 8% 时，启用备用油泵。

2. 逆止阀

在压力油通往压力油罐前设有一逆止阀，受压力油罐压力的作用，油泵停机后处于关闭状态；油泵启动后，经低压启动阀的卸载作用，一定时间后，插装阀关闭，油泵上升压力大于压力油罐的压力，克服逆止阀背压，逆止阀开启，向压力罐充油。

3. 安全阀

安全阀是为保证压力罐内油压不超过允许值和系统的各环节安全运行而设置的泄放装置，它可以防止螺杆泵与压力罐内油压过载，并保护其安全。

安全阀是由安全先导阀与主阀组成的。

在正常状态下，油泵是在油压装置控制系统操纵下工作的，当发生故障时，螺杆泵仍运转，油压继续升高，当油压大于弹簧整定弹簧力时，油泵的供油与排油相通，使油泵工作在泄荷状态，压力油罐及螺杆泵都能保持在额定的压力下工作。

压力油罐内油压到达工作油压上限时，主、备用油泵停止工作。油压高于工作油压上限 2% 以上时，组合阀内安全阀开始排油；当油压高于工作油压上限 10% 以前，安全阀应全部开启，并使压力油罐中油压不再升高。当油压低于工作油压下限以前，安全阀应完全关闭。此时安全阀的泄油量不大于油泵输油量的 1%。

2.10.3 组合阀的设计和选用

组合阀可以选购标准的安全阀、逆止阀、卸载阀/旁通阀、插装阀等自行设计集成，也可以选用有关公司的定型产品。天津市永特水电技术研究所生产的组合阀主要技术参数及配套油压装置对应表如表 2-1 所示。

表 2-1 组合阀主要技术参数及配套油压装置对应表

型号	主阀通径（mm）	压力（MPa）	油泵输油量（L/s）	配套油压装置型号
ZFY-25	25	2.5/4.0	1.4	HYZ-0.3/0.6
ZFY-32	32	2.5/4.0/6.3	3.0	HYZ-1.0/1.6
ZFY-40	40	2.5/4.0/6.3	3.5～4.5	非标
ZFY-50	50	2.5/4.0/6.3	5.8～6.5	HYZ-2.5/4.0 YZ-2.5/4.0
ZFY-63	63	2.5/4.0/6.3	8.0～12.5	HYZ-6/8 YZ-6/8/10
ZFY-80	80	2.5/4.0/6.3	15～23	HYZ-8/10 YZ-8/10/20

2.10.4 调整试验

1. 插装式安全阀调整试验

（1）启动油泵向压力油罐中输油，根据压力油箱上的压力表测定安全阀开启、全开和关闭、全关压力。测定 3 次，取其平均值。

（2）当油压高于工作油压上限 2% 以上时，安全阀应开始排油；当油压高于工作油压上限 10% 以前，安全阀应全部开启，并使压力罐中油压不再升高；当油压低于工作油压下限以前，安全阀应完全关闭。此时安全阀的泄油量不大于油泵输油量的 1%。

（3）插装式卸载阀的卸载时间由 PLC 控制器设定。

（4）插装式安全阀的压力整定靠控制盖板上的先导阀的旋钮来进行。调整方法为：首先设定一任意值，启动油泵，向压力油罐输油，观察安全阀开启压力，再根据其值与要求的偏差进行相应的调整。满足要求后，锁紧螺母。

（5）单向阀的开度用控制阀板上的限位螺钉调整。

（6）压力油罐上装有空气安全阀，当油压达到压力油罐的设计压力前，空气安全阀应开始排气，并使压力油罐中压力释放。当油压低于工作油压上限以前，空气安全阀应完全关闭。

2.插装式卸载阀试验

插装式卸载阀卸载时间由阀组中的电磁换向阀的换向间隔确定，而电磁换向阀的换向间隔可由控制油泵的 PLC 控制器设定。要求油泵电机达到额定转速时，电磁换向阀换向，卸载阀刚好停止排油，则整定正确。

2.11 回油箱

回油箱（集油装置）作为油泵的取油池，为调速器系统提供清洁的油液、收集调速器系统回流的工作油液，并作为油泵控制阀组以及调速器液压控制系统的安装基座。回油箱上主要部件有以下几种。

（1）油泵：一般采用三螺杆泵，它是一种转子型容积式泵，利用螺杆转动时将液体沿轴向压送而进行工作。

（2）组合阀：通过液压集成技术将安全阀、卸载阀、止回旁通阀集成在一起。

（3）油混水信号器：用于油混水报警。

（4）液位计：用于观察回油箱内的油位。液位计带有液位开关或单独设置液位开关，用于区分油位过低、油位过高。

（5）油路截至阀：回油箱侧部装有排油与注油截止阀，分别用于回油箱的注油与排油。

（6）双油过滤器：装在油泵出口的可切换的双油过滤器，过滤精度为 $20 \sim 50\mu m$。每个过滤器设有堵塞信号装置用于报警并送入可编程控制器。

（7）吸油过滤器：装在油泵吸入口，阻止油液中较人的杂质吸入油泵。

（8）精密网状隔板过滤器：过滤从回油箱污油区进入清洁油区的油液。

（9）旁路过滤器：油液过滤循环系统能除去 $10\mu m$ 以上的杂质。

（10）其他：油加热器、温度传感器、温度开关。

2.12 过滤器

2.12.1 原理

实际运行的经验表明，污染是导致液压系统故障的主要原因。由于工作油受到污染，液压元件的实际使用寿命往往比设计的寿命短得多，因此，液压系统污染问题已越来越受到关注和重视。

近年来，大型油压设备要求采用多级防止油液污染的措施。回油箱内设置精密网状隔板过滤器，将油箱划分脏油区与清洁油区，油泵吸入管道中设置吸油过滤器的目的是防止油泵从油箱吸油时将大颗粒污染物吸入泵内。在油泵出口配备可切换的双油过滤器，经此多级过滤的操作油以满足操作接力器需要。而操作油再经调速器的可切换的双油过滤器过滤，供控制元件使用。另外还提供一套回油箱旁路液压过滤循环系统。此系统由单独液压泵供油，用于高净度净化处理，以使主系统运转前及运转中先滤清回油箱内油液，而不影响主系统的工作。

滤油器的主要性能包括以下几方面。

（1）过滤精度：也称绝对过滤精度，是指油液通过滤油器时，能够穿过滤芯的球形污染物的最大直径。

（2）允许压力降：油液经过滤油器时要产生压力降，其值与油液的流量、黏度和混入油液的杂质数量有关。为了保持滤芯不被破坏并避免系统的压力损失过大，要限制滤油器最大允许压力降。

（3）纳垢容量：指滤油器在规定压力降达到规定值以前，可以滤除并容纳的污染物数量。

（4）过滤能力：也称通油能力，指在一定压差下允许通过滤油器的最大流量。

（5）工作压力：选择滤油器时应考虑允许的最高压力。

选择滤油器时要考虑不同滤油场合的特点。

为了保护油泵，泵油系统一般可采用网式滤油器，过滤精度为 $80 \sim 180 \mu m$；其结构简单、通油能力好、阻力小。油泵的自吸能力的初始压力降小于或等于 0.01MPa。

油泵出口滤油器是为满足主配压阀与接力器用油的需要而设置的，并且是控制油的前一道粗过滤，过滤精度一般为 $50 \mu m$；初始压力降在 $0.05 \sim 0.09 MPa$ 内；允许压力降在 $0.2 \sim 0.5 MPa$ 内。允许压力降主要受到油泵工作压力的限制。

旁路循环过滤系统的过滤精度一般比系统过滤精度要求高一个等级。

一般说来，选用高精度滤油器可以大大提高液压系统工作可靠性和元件寿命，但是滤油器的过滤精度越高，滤芯堵塞越快，滤芯清洗或更换周期就越短，成本也越高。尤其是油泵的流量大时，这种高压大流量滤油器价格相当高。所以，应根据具体情况合理地设置过滤系统与选择过滤精度，以达到所需的油液清洁度与期望的性能价格比。

2.12.2　流域电厂过滤器简介

1.水布垭电厂调速器机械部分过滤器

（1）油泵出口过滤器：过滤精度为 $10 \mu m$，单台机组共两台压油泵，每台泵出口设置有两个出口过滤器，采用双筒管路双滤芯形式，如图 2-54 所示。通过球阀控制杆切换使用滤芯，并互为备用。

（2）控制管路过滤器：精度 5μm，单台机组用一套控制管路，过滤器设于控制管路之前，采用双精过滤器形式。如图 2-55 所示。

图 2-54　水布垭电厂泵出口过滤器　　　　图 2-55　水布垭电厂控制管路过滤器

2.隔河岩电厂调速器机械部分过滤器

（1）油泵出口过滤器：过滤精度为 25μm，单机组两台泵，每台泵出口设置出口过滤器，采用双筒管路双滤芯形式，如图 2-56 所示，通过球阀控制杆切换使用滤芯，并互为备用。

（2）控制管路过滤器：过滤精度 10μm，设置于控制管路之前，采用双筒管路双滤芯形式，如图 2-57 所示。

图 2-56　隔河岩电厂泵出口过滤器　　　　图 2-57　隔河岩电厂控制管路过滤器

3.高坝洲电厂调速器机械部分过滤器

（1）压油装置油过滤器：过滤精度为 10μm，单机组两台泵，每台泵出口设置一出口过滤器，采用双筒管路双滤芯形式，如图 2-58 所示。

（2）机械柜油过滤器：过滤精度为 5μm，设置于控制管路之前，采用双筒管路双滤芯形式，如图 2-59 所示，因高坝洲电厂布置形式不同设置而位置有别，作用等同于控制管路油过滤器。

图 2-58　高坝洲电厂压油装置油过滤器　　　　图 2-59　高坝洲电厂机械柜油过滤器

2.13　机械过速部分

2.13.1　原理及组成

（1）本系统由三个部分组成。包括安装在两个半圆形紧固圈上的 2 个过速摆、1 个 SPDT 开关的液压阀组件及 2 个 SPDT 开关的开关组件。安装时要求紧固圈上的过速摆和液压阀触动臂的安装间距（径向）必须严格控制为 3.0mm，请注意这一点至关重要。

（2）过速摆安装在紧固圈上。过速摆内的不锈钢柱塞安装在黄铜腔室内，当过速时由带预紧力的弹簧来完成过速保护动作的触发。当机组转速增加到预设过速保护动作值时，过速摆中的柱塞会随着转速增加从黄铜腔室中压缩弹簧而伸出，从而触动相应的触动臂，每个过速摆的动作值都已经在出厂时进行整定试验并设定妥当。每次过速保护动作后需要进行手动复位触动臂。

（3）液压阀组件中的液压阀有 3 个油口。如图 2-60 所示，机组正常运行时，压力油由接口 P（进口）进入，流经液压阀后从接口 A（出口）出来，机组正常工作时 P–A

处于开通状态，此时 A 口带压，机组处于正常运行；当机组过速达到动作值时，液压阀被触动后，压力油接口 P 被关闭，接口 A 与 R（排油）口泄油管相连通，此时 A 口无压。机组过速保护动作后，液压阀通过对 A 油管压力的切换，再经过其他机构（如过速限制器等）来实现机组停机，达到过速保护的目的。

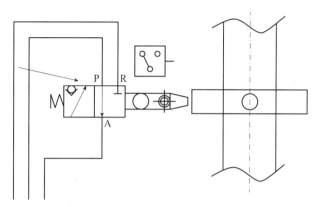

图 2-60 过速液压阀

（4）同时要求油质的颗粒度必须小于 25μm。

（5）当开关组件对应的过速摆动作时，开关组件输出电气信号。

（6）调整液压阀组件的径向位置，直到液压阀过速摆 H 与液压阀组件触动臂的间距达到 3.0mm；调整开关组件的径向位置，直到开关过速摆 L 与开关组件触动臂的间距达到 3.0mm。请注意这一点至关重要！可使用随货提供的专用扳手，该扳手手柄处厚度即为 3.0mm，可用来检查安装间距，如图 2-61 所示。注意在测量安装间距时，要保证过速摆必须正对相应的触动臂。

此处厚度即为3.0mm

图 2-61 专用扳手

2.13.2 技术要求

（1）齿盘及过速飞摆均为瑞典图拉博品牌。

（2）齿盘：齿盘加工相对误差小于或等于 10，机组主轴直径（齿盘内径）为 100～4000mm。

（3）机械过速：转速整定值误差小于或等于 ±1%，旋转方向：顺时针或逆时针，额定转速：56.4～1000r/min，动作转速：75～2100r/min，水轮机类型：立式或卧式所有类型机组，工作油压：2.5～40MPa。

（4）机械过速装置出口油路直接动作于调速器机调柜内快速停机阀（QSD）阀组。

（5）飞摆脱扣器在出厂前应根据电厂机组过速保护的实际需要进行整定和校验，提供整定和校验报告。

（6）控制油管路采用 DN22 不锈钢管。

（7）控制油管路油源取自机组电磁阀主供油阀与电磁阀备用油源供油阀之间，割接管路安装法兰盘、三通。

（8）回油管路通过埋管形式接入机组机调柜，通过钢丝软管与电磁阀连接。

流域电厂的机械过速装置如图 2-62～图 2-66 所示。

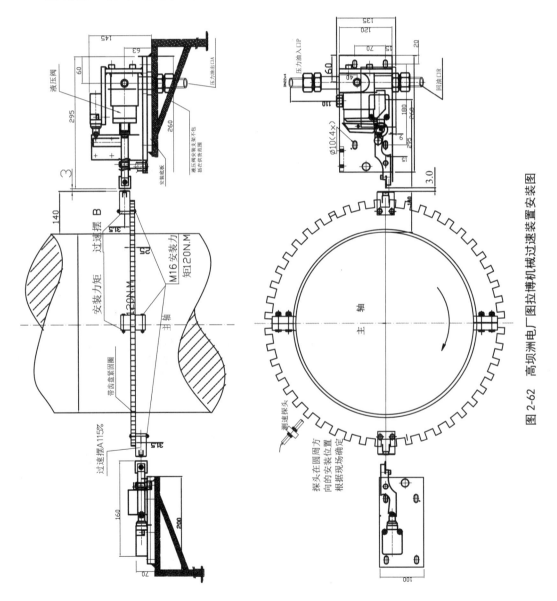

图 2-62 高坝洲电厂拉博机械过速装置安装图

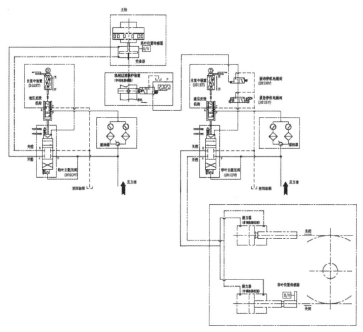

图 2-63　高坝洲电厂机械过速液压原理图

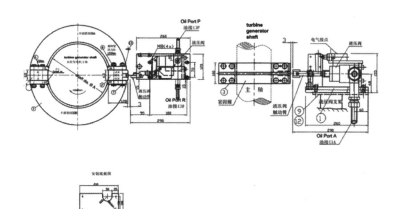

图 2-64　水布垭电厂过速保护器安装

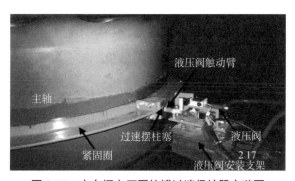

图 2-65　水布垭电厂图拉博过速保护器安装图

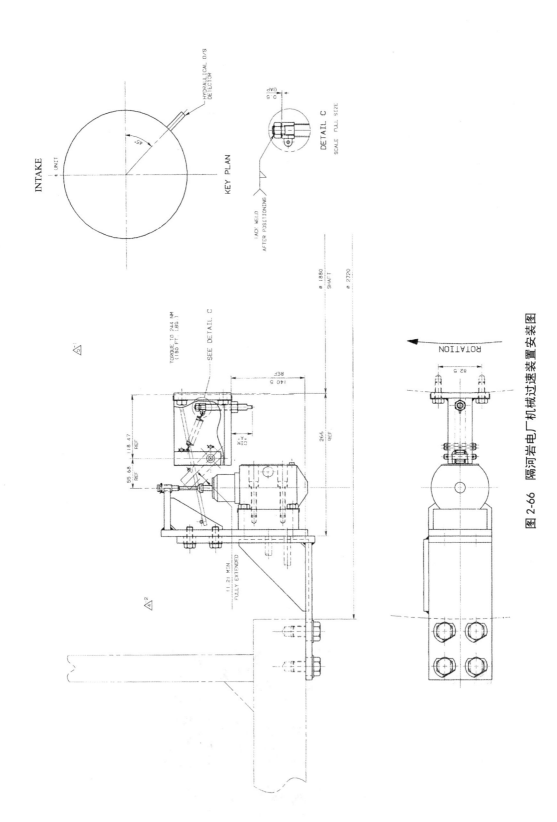

图 2-66 隔河岩电厂机械过速装置安装图

2.14 压力油罐及其附属设备

当调速器油压装置的储能容器总容积小于或等于 16m³ 时，一般只采用一个压力油罐，压力油罐内含有油和空气两种介质，在额定工作油压时，油容积与空气容积的比值为 1/3 ～ 1/2；当调速器油压装置的储能容器总容积大于或等于 20m³ 时，一般采用压力油罐与压力空气罐一起组成的压力储能容器，在额定工作油压时，压力油罐中也有一部分空气。

当采用压力油罐与压力空气罐一起组成的压力储能容器时，压力油罐与压力空气罐上部用管道连通，串联使用，两罐之间设有检修阀门。在最大工作油压时，压力油罐内的油与空气的容积比为 1/2。压力油罐底部装有带阀门的排油管，压力空气罐底部装有阀门用于排污。

压力油罐与空气压力罐在调速系统中的作用相当于储能器，将系统的工作压力稳定在一定范围，吸收油泵启动、停止时所产生的压力脉动，在系统出现故障、油泵不能启动的情况下，保证系统具有足够的工作容量（压力和油量）关闭导叶，实现停机，从而保证机组安全。

为了满足压力油罐内压力、油位（即油气比例）等控制的要求，压力油罐上安装有相应的压力开关、油位开关；为了满足现代计算机控制的要求，压力油罐还装设了压力变送器、压差变送器或液位变送器、自动补气装置等，他们与油压装置控制屏组成油压装置控制系统，以保证油压装置的正常运行。

2.14.1　空气安全阀

空气安全阀的原理图如图 2-67 所示。

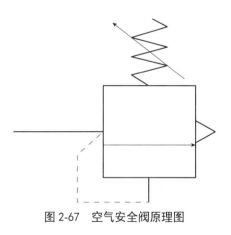

图 2-67　空气安全阀原理图

（1）空气安全阀的工作原理很简单，几乎都是利用弹簧—活塞相平衡的原理来设计和制造的。

（2）空气安全阀安装在压力油气罐和压力气罐之间的连接管路上，可以防止压力罐内压力过高。当压力罐内部压力高于空气安全阀动作值时，空气安全阀开始排气，以此来降低罐内压力，保护压力罐。

2.14.2　压力开关、压力变送器和压力表

（1）压力开关：能够反映出压力油罐内部的压力。压力开关在设定值发出触点信号，表明压力油罐压力过低和事故低油压。

（2）压力变送器：压力变送器对应 0 ～ 10MPa 发出 4 ～ 20mA 标准模拟量信号。

（3）压力表：能够指示出压力油罐内部的压力。

（4）液位计：用于指示压力油罐内的油位。液位计与压力油罐间设置有球阀，用此隔离。液位计上配有排油阀，便于液位的校核。液位计带有液位开关。

（5）液压传感器：一般标准二线制，输出 4 ～ 20mA 标准信号，供电电压为 DC 24V。

2.14.3　自动补气装置

球阀自动补气装置能实现自动补气、手动补气、手动排气等功能。球阀结构图如图 2-68 所示。

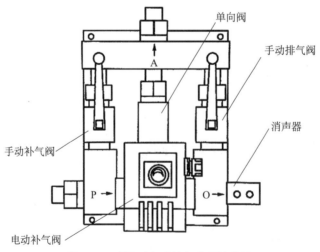

图 2-68　球阀型自动补气装置结构图

（1）关闭手动补气阀和排气阀，当自动补气条件满足时，驱动机构得电带动球阀阀芯转动，阀芯转到位后，压力腔 P 与工作腔 A 接通，压缩空气经电动补气阀、单向阀流向压油装置，对压油装置进行自动补气，此时阀位指向开阀位置，同时位置开关输出开阀信号。

（2）当要停止补气时，驱动机构得电带动球阀阀芯转动，阀芯转到位后，工作腔 A 与排气腔 O 接通，装置内存气由排气腔排出，此时阀位指向关阀位置，同时位置开关输出关阀信号。

（3）此外，电动补气阀可在现场手动操作，当系统失电或其他原因需要手动时，可通过摇柄摇动电动补气阀实现手动操作。

（4）手动补气时，打开手动补气阀即可，当压油装置压力上升到额定值时，关闭手动补气阀；手动排气时，打开手动排气阀即可，当压油装置压力下降到额定值时，关闭手动排气阀。

2.14.4　隔离阀

隔离阀结构如图 2-69 所示。

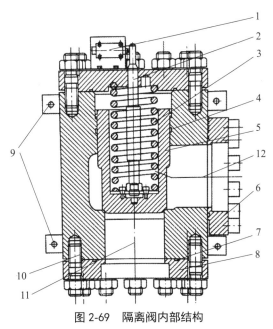

图 2-69　隔离阀内部结构

1—位置开关；2—行程指示杆；3—弹簧；4—O 型圈；5—活塞；6—出口法兰；7—O 型圈；8—出口法兰；9—地脚螺栓孔；10—螺栓；11—压力油罐出油；12—接调速系统

（1）隔离阀主要起隔离作用，当机组停机时，代替手动阀门对液压系统的油源进行隔断。如果机组处于备用状态，将液压系统的压力油源隔断，可以减少压油泵的启停次数。该阀可通过电磁阀实现远方、现地开关，也可通过手动阀实现现地关闭。当通过手动阀现地关闭后，远方、现地操作电磁阀都不能将隔离阀打开。同时，通过行程位置开关将信号传递给监控系统和控制柜。

（2）隔离阀由电磁阀控制打开和关闭。在调速器停机期间，油泵机组停止运行时，隔离阀将自动关闭。隔离阀还配有一个手动二位四通阀，其有自动和手动两个位置。在手动位置时，可更换电磁阀。

（3）在调速器停机期间，关闭隔离阀，调速器各油泵机组将停止运行。油位开关超低信号硬连接到电磁阀上，如果油位下降到空气可能充入到系统管路和回油箱时，电磁阀可确保无条件地关闭隔离阀，避免空气进入系统管路和回油箱。

流域电厂的压力油罐及附件如图 2-70～图 2-77 所示。

图 2-70　隔河岩电厂压油罐外观

图 2-71　高坝洲电厂压油罐外观

图 2-72　高坝洲电厂补气阀

图 2-73　隔河岩电厂补气阀

图 2-74　隔河岩电厂排气阀

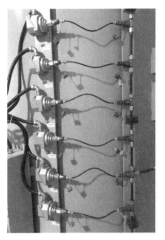

图 2-75　隔河岩电厂压力开关

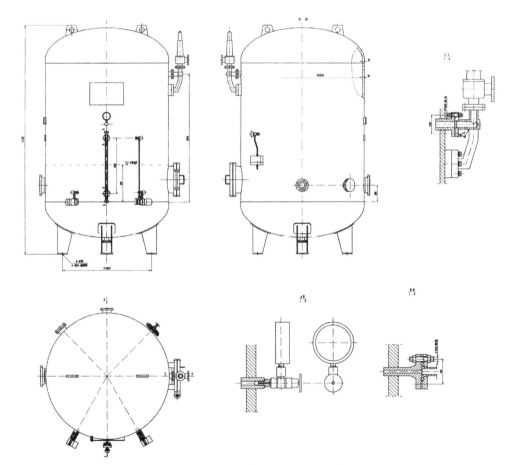

图 2-76　高坝洲电厂压力油罐总装图

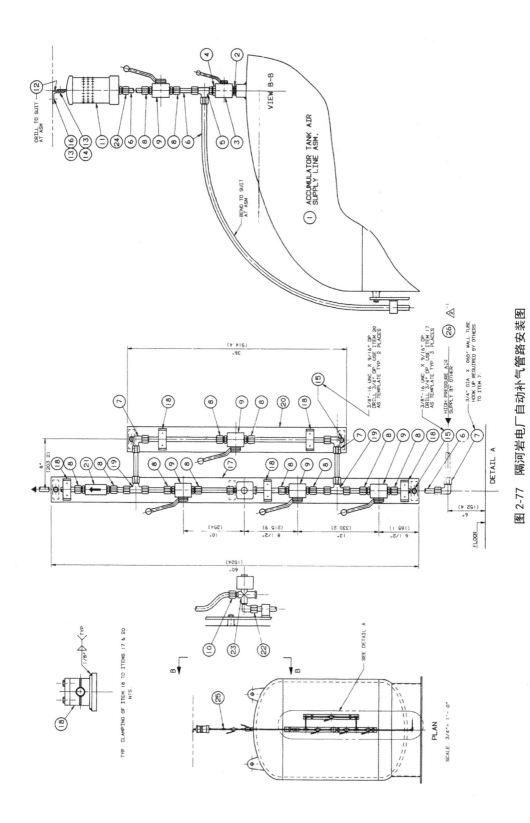

图 2-77　隔河岩电厂自动补气管路安装图

2.15　齿盘测速

2.15.1　齿盘

齿盘是由铁磁性材料制造而成的，如铁、钢、铸铁等。齿盘带有锯形齿、凹槽或孔。齿盘与电磁变送器一起用作脉冲变送元件。当齿盘旋转时，齿盘上的每一个齿引起一个电气脉冲，因此在变送器内感应的脉冲频率可由下列公式进行计算：

$$f = \frac{n \cdot p}{60} \tag{2-2}$$

式中：f 为变送器脉冲频率（Hz）；n 为齿盘转速（r/min）；p 为齿盘的齿极数。

2.15.2　电气 / 机械过速开关

（1）过速开关是机组的一项重要保护。电气 / 机械过速两种保护工作原理完全一样。只是由于它们的整定值不同以及它们作用于停机的方式不同，电气过速开关在 1–2F 中整定为 $161.3\%n_e$，机械过速整定为 $158\%n_e$。电气过速开关是当机组转速大于 $161.3\%n_e$ 时，开关动作，计算机 LCU 接受该信号，然后发出紧急停机长脉冲信号作用于紧急停机电磁阀，并落进水口闸门。而机械过速开关是当机组转速大于 $158\%n_e$ 时，紧急停机电磁阀动作，切断调速器机械液压单元的控制油源通路，从而实现紧急停机。同时相应的位置开关接点闭合给 LCU 发出机械过速阀动作信号。

（2）开关原理：当机组转速大于 $161.3\%n_e$ 时，在大轴中的飞锤弹出打断木杆，位置开关释放，常闭接点闭合，给 LCU 送去机组电气过速信号。而机械过速开关是当机组转速大于 $158\%n_e$ 时，飞锤弹出打断木杆，机械过速阀动作，切断控制油源，实现紧急停机，同时行程开关常闭接点闭合给 LCU 发机械过速阀动作信号。每次在检修时应在 LCU 盘端子柜短接电气过速接点及机械过速接点监视 LCU 盘报警情况。大修时，应取下电气机械过速木杆，检查发信号情况。

图 2-78　机械过速装置与齿盘集成

图 2-79　隔河岩电厂机械过速开关

图 2-80　隔河岩电厂齿盘测速装置　　图 2-81　隔河岩电厂速度传感器

3.1 调速器机械部分检修工艺

本部分以隔河岩电厂为例,简单介绍隔河岩水电厂DTL525调速器机械部分的A、B、C、D四级检修项目、技术要求、检修工艺、调试方法及应注意事项等方面的内容。

3.1.1 术语和定义

本部分有以下术语和定义。

1. A 级检修

对发电机组进行全面的解体检查和修理,以保持、恢复或提高设备性能。

2. B 级检修

针对机组某些设备存在问题,对机组部分设备进行解体检查和修理。B级检修可根据机组设备状态评估结果,有针对性地实施部分A级检修项目或定期滚动检修项目。

3. C 级检修

根据设备的磨损、老化规律,有重点地对机组进行检查、评估、修理、清扫。C级检修可进行少量零件的更换、设备的消缺、调整、预防性试验等作业以及实施部分A级检修项目或定期滚动检修项目。

4. D 级检修

当机组总体运行状况良好,而对主要设备的附属系统和设备进行消缺。D级检修除进行附属系统和设备的消缺外，还可根据设备状态的评估结果，安排部分 C 级检修项目。

5. 调速系统静特性试验

按照静态特性的定义，测量转速与接力器开度的关系，就是调速系统静特性试验。通过这样的试验，求取调速器的静态特性关系曲线。

6. 机组启动试验

为了检验调速器及机组的各部件以及整机在运行中的稳定情况。机组在升速过程中有无异常现象，接力器是否稳定在空载开度，机组在空载开度能否稳定。

7. 水轮机调节

由调速系统和被控制系统组成的闭环系统。

8. 调速器

由实现水轮机调速及相应控制的机构和指示仪表等组成的一个或几个装置的总称。

9. 油压装置

由油泵、油泵原动机、压力罐、回油箱、阀门和有关辅助设备所组成的油源装置。

3.1.2 检修周期

检修周期与工期见表 3-1。

表 3-1 检修周期与工期

序号	检修类别	检修周期	工期
1	巡回检查	1 周	1 天
2	D 级检修	6 个月	5～10 天
3	C 级检修	1 年	10～15 天
4	B 级检修	5 年	30～40 天
5	A 级检修	10 年	60～90 天

3.1.3 项目及技术要求

1. D 类检修项目及技术要求

D 类检修项目及技术要求见表 3-2。

表 3-2　D 修项目及技术要求

序号	设备部位	检修项目	技术要求
1	调速器液压控制系统	调速器 25μm 滤芯清扫	25μm 过滤器滤芯干净、无破损
2		调速器液压系统检查	调速器液压系统管路及阀门无渗漏
3		到期压力油罐安全阀校验	压力油罐安全阀校验合格
4	接力器	接力器锁定检查、处理	接力器锁锭投退正常，无发卡
5		接力器缸头密封检查、处理	接力器杠头无渗漏，螺栓无松动
6		接力器管路检查	无渗漏，连接件可靠

2. C 类检修项目及技术要求

C 类检修项目及技术要求见表 3-3。

表 3-3　C 修项目及技术要求

序号	设备部位	检修项目	技术要求
1	调速器液压控制系统	取油样化验	油质化验合格
2		外观及渗漏检查处理	无渗漏、无油迹
3		25μm 过滤器清扫	滤芯壳体清扫、干净、无杂质，切换灵活
4		10μm 过滤器滤芯更换	更换新滤芯
5		静电过滤器检查清扫及滤纸更换	滤纸干燥无变形，油泵运转良好
6		压油泵安全阀动作值校验	压油泵安全阀动作值 6.8MPa
7		压油泵输油量测定	额定值 260L/min
8		紧急开关机时间整定	最短直线开机时间 25s，最短直线关机时间 14s。第二段关闭时间 30s
9		各电磁阀动作情况检查	低油压关机油压值整定值 4.8MPa
10		机械过速阀检查清扫	木质联杆无断裂、偏移和变形，阀体无渗透
11		干燥剂更换	硅胶颜色正常（深蓝色）
12		油管及各连结部件紧固	无渗漏，连接可靠
13		主控模块供油软管检查处理	软管无破损、渗漏
14	接力器	接力器及油管检查及三漏处理	无渗漏，连接件可靠
15		接力器行程、压紧行程校核	压紧行程值在 10 ~ 20mm
16		锁定装置检查	动作灵活无卡阻，投入动作时间 3 ~ 5s
17	其他	到期压力表校验	压力表校验合格
18		全面清扫	干净整洁，无油、无灰

3. B类检修项目及技术要求

B类检修项目及技术要求见表3-4。

表3-4　B修项目及技术要求

序号	设备部位	检修项目	技术要求
1	调速器液压控制系统	取油样化验	油质化验合格
2		外观及渗漏检查处理	无渗漏、无油迹
3		25μm过滤器清扫	滤芯壳体清扫、干净、无杂质，切换灵活
4		10μm过滤器滤芯更换	更换新滤芯
5		静电过滤器清扫及滤纸更换	滤纸干燥无变形，油泵运转良好
6		压油泵安全阀动作值校验	压油泵安全阀动作值6.8MPa
7		压油泵输油量测定	额定值260L/min
8		紧急开关机时间整定、校核、试验	最短直线开机时间25s，最短直线关机时间14s。第二段关闭时间30s
9		各电磁阀动作情况检查	低油压关机油压值整定值4.8MPa
10		液压系统（含回油箱和压油罐）排油清扫	干净，无油污、异物，无锈蚀，用面团清扫干净
11		齿盘测速、齿盘带、过速、飞摆清扫检查处理	紧固件无松动，油污清扫干净，飞摆动作灵活
12		机械过速阀及管路清扫、检查、处理	木质联杆无断裂、偏移和变形，阀体无渗透
13		电气/机械过速开关检查	紧固件无松动，设备清扫干净
14		干燥剂更换	硅胶颜色正常（深蓝色）
15		油箱各管路、接头、法兰面密封检查处理	无渗漏，连接可靠
16		压油泵解体检修	泵体完好，无裂纹、明显磨损，螺杆转动灵活，联轴器无损坏
17		油罐安全阀校验	整定值6.9MPa
18	接力器	接力器及油管检查及渗漏处理	无渗漏，连接可靠
19		接力器行程、压紧行程校核	压紧行程值在10～20mm
20		锁定装置检查	动作灵活无卡阻，动作时间3～5s
21		接力器连杆传动销检查处理	轴承无磨损、变形，润滑良好，传动销表面光滑

4. A 类检修项目及技术要求

A 修的项目包含 B 修项目，见表 3-5。

表 3-5　A 修项目及技术要求

序号	检修项目	技术要求
1	主配压阀（336）分解检查	无毛刺、锈蚀，阀盘遮程处应为尖锐棱角；活塞靠自重能灵活落入衬套内，遮程及活塞与衬套间隙符合设计要求
2	插装阀	活塞应无损伤，弹簧应无变形。油孔畅通，密封完好，组装后动作灵活，位置准确。装配后，在规定油温及额定油压下组合面不渗油
3	电磁换向阀	活塞应无损伤，弹簧应无变形。油孔畅通，密封完好，组装后动作灵活，位置准确。装配后，在规定油温及额定油压下组合面不渗油
4	程序阀	活塞应无损伤，弹簧应无变形。油孔畅通，密封完好，组装后动作灵活，位置准确。装配后，在规定油温及额定油压下组合面不渗油
5	液控阀	活塞应无损伤，弹簧应无变形。油孔畅通，密封完好，组装后动作灵活，位置准确。装配后，在规定油温及额定油压下组合面不渗油
6	电液伺服阀	活塞应无损伤，弹簧应无变形。油孔畅通，密封完好，组装后动作灵活，位置准确。装配后，在规定油温及额定油压下组合面不渗油
7	溢流阀	活塞应无损伤，弹簧应无变形。油孔畅通，密封完好，组装后动作灵活，位置准确。装配后，在规定油温及额定油压下组合面不渗油
8	机械过速阀	活塞应无损伤，弹簧应无变形。油孔畅通，密封完好，组装后动作灵活，位置准确。装配后，在规定油温及额定油压下组合面不渗油
9	立式双螺杆油泵	螺旋杆及乌金衬套上应无锈蚀、毛刺、烧伤、脱壳缺陷。啮合线接触均匀，螺杆体内油孔畅通；串动量、配合间隙在设计要求范围内，手动盘转主螺杆无忽轻忽重现象。轴端密封良好，联轴器无破损。测输油量符合标准
10	卧式齿轮油泵	齿形完好，无缺陷，其径向间隙，轴向间隙及以端部与壳体间隙应符合设计要求。输油量符合标准
11	过滤器	滤网干净，无破损，在额定工作油压下，切换应灵活，压差不大于 0.15MPa
12	油路管网	螺栓紧固，接头不渗油，涂漆完整，颜色符合规定
13	回油箱	槽内应无杂质，涂漆完整，进入孔门封闭良好，各附件正常
14	各阀门	阀盘与阀座密封线完好，换新盘根压盖松紧适度，阀门启闭良好，渗漏点无渗漏
15	接力器拆装	接力器活塞表面无损伤锈蚀，活塞杆无损伤。密封圈应平整、光滑、完好。缸体内壁无划伤。密封渗油允许为点滴状；活塞环张力良好，磨损量不超过要求，否则换新。接力器组合面应光洁无毛刺，合缝间隙用 0.05mm 塞尺检查不能通过，允许有局部间隙，用 0.10mm 塞检查，深度不超过合面的 1/3，总长不应超过周长的 20% 接力器基础安装允许误差：垂直度小于 0.30mm/m；中心及高程小于 1.5mm；与机组坐标基准线平行度小于 1.5mm；至机组坐标基准线距离小于 3mm

续表

序号	检修项目	技术要求
16	压油罐	内、外表面清扫干净，无损伤及裂纹，油漆完好，浮球阀动作灵活，密封严密，入孔门关闭后进行严密性试验，严密性试验合格。安全阀校验合格
17	锁锭装置拆装	无锈蚀，无毛刺，动作灵活，弹簧无裂痕，刚度符合图纸要求，活塞及活塞杆无变形

5. 调速系统调整试验项目与技术要求

调速系统调查试验项目与技术要求见表3-6。

表3-6 调速系统调整试验项目与技术要求

序号	检修项目	技术要求
1	主配压阀紧急开关机时间测定（动作开、关机阀340）	紧急关机时间14s，第二段关闭时间30s，快速开启时间25s
2	压油泵输油量测定	260L/min
3	紧急停机电磁阀动作时间测定	关14s
4	低油压关机液压阀（341 Ab）动作值调整	4.8MPa
5	机械过速与互锁阀（341 Aa）动作值调整	4.5MPa
6	系统安全阀的调整	7.0MPa
7	油泵安全阀动作值整定	始排6.8MPa，全排7.0MPa
8	油泵运转试验	试运转过程中，油泵外壳振动不应大于0.05mm，无异音，油温不超过50℃
9	锁锭投入，拔出时间调整	3～5s
10	压紧行程测定	13mm
11	压力开关的调整	
12	压油罐泄漏试验	油罐在工作油压下油位处于正常状态，关闭各连通阀门，保持8h油压下降值不应大于0.25MPa
13	调速器静特性试验	静特性曲线最大非线性度不超过5%调速器（包括接力器）额定转速处死区不超过0.05%
14	调速器动特性试	甩100%额定负荷后，在转速变化过程中超过额定转速3%以上的波峰不超过2次，接力器不动时间不大于0.2s
15	过速试验	机械过速阀动作值154%NH，电气过速阀动作值161.5%NH

3.1.4　检修工艺

1. 通用工艺

（1）凡参加检修的工作人员必须熟悉所检修设备的图纸，了解设备的功能和在系统中的作用。

（2）在检修前必须确认所检修设备已与系统脱开，四源（电源、风源、水源、油源）断开。

（3）在拆卸检修设备前做好或找到回装标记。对具有调节功能的螺杆、顶杆、限位块等应做好相应位置标记。

（4）在拆卸较重的零部件时，应考虑到个人能力，做好防止人员坠落和设备脱落的措施，注意防止人员砸伤、割伤及以设备撞伤的事故。

（5）在拆卸复杂的设备时，必须制定作业指导书，作业时记录拆卸顺序，回装应按先拆后装，后拆先装的原则进行。

（6）在拆卸配合比较紧的零件时，不能用手锤、大锤直接冲击，应用木棒或紫铜棒撞击，或者相隔后，再用手锤、大锤打击。

（7）对拆卸下来的比较重要的零件如活塞、端盖、螺杆等应放在毛毡上，对特殊面，如棱角、止口、接触面等应用白布或毛毡包好。

（8）在部件拆卸、分解过程中，应随时进行检查，对各配合尺寸应进行测量并做好记录，对零件的磨损和损坏情况应做好记录后再处理，对重要部件的处理，应经申请得到同意后方可处理。

（9）在拆卸过程中因时间不够或其他事情干扰而中断工作，以及拆卸完毕后，应对可能掉进异物的管口、活塞进出口等用白布或石棉板或丝堵封堵。

（10）处理活塞、衬套、阀盖的锈斑、毛刺时应用 320 号金相砂纸、天然油石等，只能沿圆周方向修磨，严禁径向修磨，以免损伤棱角、止口。

（11）在刮法兰密封垫和处理结合面时，刮刀应沿周向刮削，严禁径向刮削，法兰止口密封面上不得留有径向沟痕。

（12）对重要零件的清扫顺序是，先用白布进行粗抹，后用干净的汽油或清洗剂进行清扫，再用面团粘净。在有条件时用低压风进行吹扫，严禁使用破布和棉纱。

（13）严禁在法兰的止口边和定位边砸石棉垫。

（14）O 形圈粘结，应根据图纸或槽宽槽深，选择合适的 O 形密封条，量好尺寸后，沿 O 形条的斜截面切开，用对应的胶水迅速对正粘接，在粘接过程中防止刀口和截面粘油，严禁使用过期或变型的 O 形条。

（15）对于密封件，更换时应确保规格、材料相同，严禁使用过期或变质的密封材料。

（16）组装活塞、针塞及滑套时应涂上合格的透平油，活塞、针塞及滑套在相应的衬套内靠自重应能灵活落入或推拉轻松，并在任意方向相同。

（17）回装法兰、端盖、管接头时，应检查封堵物是否拆除，密封垫是否装好，止口是否到位，螺栓应先对称紧，后均匀紧，最后用适当力臂加固，需加铜垫片时，铜垫片一定要退火后才能使用。对振动较大的连接必须使用弹簧垫。

2. 一般注意事项

（1）巡回检查时必须开工作票，不得乱动设备，如发现设备有缺陷需及时处理时，应开工作票取得运行人员允许后，方可进行。缺陷处理工作结束后，向运行人员交代处理情况，然后由运行人员恢复设备正常运行。

（2）检修开始之前应由工作负责人开出工作票，待运行人员作好检修安全措施后并由工作负责人确认无误方可工作。

（3）不动与检修项目无关的设备，需动运行设备时与运行人员联系好，需动导水机构部分时，一定要与相关班组联系好，待蜗壳、控制环、连杆、拐臂处无人工作，无异物并安排好专人监护后方可进行操作。

（4）检修中改进的项目应向运行人员交代清楚。

3. 主要零部件检修工艺

（1）主配压阀（336）的分解检查与处理。

①拆除主配压阀的有关电气接线以及主控阀反馈传感器（自动班负责）。拆除附装在主控阀上的337阀、338阀，油路转接板以及主控阀与其他部件相连接的管道。

②松开8个连接螺栓，将主控阀吊至工作现场。

③分解主控阀。

④处理主配活塞及衬套。

⑤测量活塞与衬套间隙在图纸规定的范围内。

⑥装复活塞时在阀体上涂抹一层合格的透平油，然后对准中心，靠自重缓缓落入衬套内，用手进行提落和转动应动作灵活。

（2）插装阀的分解检查与处理。

①插装阀是将锥阀插入带阀座的阀套内，而组成一个通用的基本插装单元，并称为主阀，配以不同的先导阀，构成具有不同功能的控制阀。

②拆卸阀体。

③检查O形密封圈应完好，锥形密封面应无损伤，弹簧应无变形，调整螺栓应完好。

④装复时活塞上应抹一层干净的透平油，活塞安装后应动作灵活。紧固螺杆上应抹防松胶后再装。

（3）电磁换向阀的分解检查与处理。

①拆卸阀体。

②检查活塞无损伤，弹簧应无变形，油孔应畅通，密封应完好，操作杆应无变形。活塞间隙符合规定要求。

③组装后动作灵活，位置准确。

（4）程序阀的分解检查与处理。

①拆卸阀体。

②检查活塞应无损伤，弹簧应无变形，密封应完好，调整螺栓应无滑扣现象，油孔应畅通。

③组装后位置应准确，无泄漏现象。

（5）电液伺服阀的检修。

一般不对其进行检修，只对压力过滤器进行清洗。只有在确实无备件，在制作专用试验台后方可进行解体检修，步骤如下：

①拆除电气接线，整体拿到工作台上分解。

②拆卸阀体。

③对分解后的各元件进行详细检查。

④如无损坏，组装后应进行严格的试验。

（6）液控阀的分解检查与处理。

①拆卸阀体。

②检查活塞应无损伤，弹簧应无变形，油孔应畅通，密封应完好。

③装复时活塞上应抹干净的透平油。

（7）机械过速阀的分解检修。

①断开机械过速阀的操作油管，并用丝堵封堵。

②将过速阀基础螺丝拆出整体移到工作台上。

③拆卸阀体。

④检查活塞应无损伤，弹簧应无变形，油孔应畅通，密封应完好，丝堵处无渗漏现象，压杆应无变形，最好更换新的压杆。

⑤装复时，活塞上应抹上一层干净的透平油，装配好之后不得旋转压杆。

（8）系统安全阀（314.1）的分解与检修。

①拆卸阀体。

②检查弹簧应无变形，密封锥面及止口无损伤，节流油口应畅通，丝堵处应无渗漏，密封件应完好，调整螺栓应无滑扣现象。

③组装后位置应正确，无泄漏现象。

④进行整定值校验。

（9）油泵阀组的分解与检修。

①油泵阀组为一组合阀，完成空载阀、安全阀、卸载阀的功能。本厂的阀组由电磁

换向阀及溢流阀组装而成。

②电磁换向阀的检修：拆卸阀体，检查活塞无损伤，弹簧应无变形，油孔应畅通，密封应完好，操作杆应无变形，活塞间隙符合规定要求，组装后动作灵活，位置准确。

③溢流阀的检修：拆卸阀体，检查弹簧应无变形，密封锥面及止口无损伤，节流油口应畅通，丝堵处应无渗漏，密封件应完好，调整螺栓应无滑扣现象，组装后位置应正确，无泄漏现象，进行整定值校验。

4. 油泵的检修

（1）立式螺杆油泵的分解检查与处理。

①拆除电机接线以及油泵单元与系统的联接管道，将油泵单元整体吊起放在专用检修架上。

②拆除油泵进、出口管路，油泵与模板的紧固螺栓，取下油泵拿到工作台上进行检修。

③做好标记进行拆装；

④检查螺旋啮合线应均匀、无卡痕、无毛刺。如有个别亮点、伤痕，应用三角油石，320# 金相砂纸进行处理。检查腔体应无损伤、裂纹，机械密封、滚珠轴承应无损坏，各油孔应畅通，各紧固螺栓应无损坏，弹性联轴器应无损坏。

⑤测量螺杆与衬套配合尺寸，做好记录．配合尺寸应符合要求。

⑥装配时应更换密封垫，紧固时螺栓的螺纹部分应抹防松胶。

（2）卧式齿轮油泵的分解检查与处理。

①断开油冷却与过滤单元的所有电气接线及与其他单元的连接管道。

②整体吊出该单元并置于专用检修架上。

③做好标记进行拆装。

④检查齿轮是否有毛刺、裂纹，啮合情况应良好。

⑤测量配合间隙，做好记录。

⑥装复完毕应转动灵活，无忽轻忽重现象。

⑦与电机联轴时应找中心。

5. 过滤器的检修

（1）25μm 过滤器芯的清扫与更换。

①全开针阀 6a，手动操作切换阀（2a）至右侧（实际位置分上、中、下，分别对应 3A.1a、3A.1a 和 3A.3a、3A.3a），关闭针阀（6a），使用 3A.3a 过滤器，3A.1a 退出运行。

②使用软管对 3A.1a 滤筒撤压。

③先用链条钳卡住 3A.1a 滤筒，然后用扳手卸掉滤筒顶部的密封盖，排掉滤筒内的透平油，取出滤芯用干净的 90 号汽油或清洗剂（如凯斯特）清扫。

④检查滤芯应无破损、锈蚀，凉干后按相反顺序装复。

⑤全开针阀 6a，在无渗漏情况下将切换阀切至左侧，恢复运行。

⑥ 10μm 过滤器的滤芯更换参照上述步骤。

（2）25μm 级过滤器的分解检修。

①在完成 6.5.1 a 步后卸掉过滤器的紧固螺栓及与油泵出口的连接管道，将过滤器整体吊开置于工作台上进行分解检修。

②过滤器上各插装阀门的检修：插装阀是将锥阀插入带阀座的阀套内，而组成一个通用的基本插装单元，并称为主阀，配以不同的先导阀，构成具有不同功能的控制阀。拆卸阀体，检查 O 形密封圈应完好，锥形密封面应无损伤，弹簧应无变形，调整螺栓应完好，装复时活塞上应抹一层干净的透平油，活塞安装后应动作灵活，紧固螺杆上应抹防松胶后再装。

③检查各密封件，测压点接头应完好，油路板各油孔畅通，插装阀座内各密封面无损伤。

④装复后油路板各阀门丝堵，接头应无渗漏现象。

（3）10μm 级过滤器的分解检修与 25μm 相同。

（4）磁吸附过滤器的清扫。

①卸下磁吸附过滤器进行解体清扫。

②检查吸附磁铁内外过滤网应无破损。

③清洗干净后用干净的白布包好，待油泵回装好后再行装复。

④磁吸附过滤器在放置期间应做好防止跌落的措施。

（5）静电过滤器的检修。

①卸掉静电过滤器的出油管，并用干净的白布将管口包好。

②卸下滤仓盖。

③打开滤仓底部的排污阀，排掉滤仓内的透平油。

④取出滤纸及平行极板，用干净的汽油或清洗剂将整个滤仓及平行极板清洗干净，然后用面团粘干净。

⑤换上干燥的新滤纸后装复。

6. 压力油罐的检修

（1）切除压油泵电源，关闭主供油阀 370，打开排气阀降压至 0.5MPa 左右后关闭该阀。

（2）打开压油罐与回油箱之间的连通阀，排空压油罐内的液压油，然后关闭连通阀，打开排气阀撤除压油罐内的气压。

（3）打开进入孔。

（4）压油罐清扫不得使用汽油、苯等挥发性有毒溶液和易爆溶液，进入之前应做好通风防窒息措施。

（5）检查油罐内部附件有无损坏，位置是否正确，螺丝有无松动，各密封件是否完好。

（6）清扫时，首先用海绵吸出残油，然后用干净的白布将油罐内擦试干净，最后用面团粘净各表面。

（7）检查油罐内各项工作均已结束，无任何遗漏的杂物后，封闭入孔门，封闭时应更换新的橡胶密封。

7. 回油箱的检修

（1）排尽回油箱的透平油。

（2）打开进入孔。

（3）回油箱清扫同压油罐清扫相同。

（4）处理回油箱四周的丝堵，接头及阀门应无渗漏。

（5）回油箱油泵吸油区的清扫须待油泵模块吊走后才能进行。

（6）待回油箱内各项检修工作结束后，确保无任何遗留物时封门。

8. 接力器的检修

（1）接力器的一般性检查与处理。

①分解密封端盖，检查 V 形密封情况，如有裂纹和破损应更换新密封圈；

②在装复密封端盖时，活塞要干净，不得将杂质带入腔内。

（2）接力器的本体分解检修。

①拆解工作待系统撤压及排油完毕之后进行，拆掉接力器推拉杆连接销（拆除之前应做好记号）及推拉杆。用导链将活塞全部拉进接力器缸体内，然后用机械锁帽锁紧，对有锁锭的接力器，拆除接力器锁锭装置及所有附件，并用堵头将锁锭接力器进油管封住。卸掉接力器前缸盖与缸体的连接螺栓，用导链将导向座与活塞一起平稳地抽出，在抽出过程中必须有一导链调整活塞杆的水平。一直用水平仪监视活塞杆以保证水平吊出，吊出后置于检修场所进行分解检查。

②检查活塞体，如有锈蚀、毛刺、损伤应清除干净，用金相砂纸或天然油石处理，活塞环应无裂纹伤痕，弹性良好，活塞环的槽内应无毛刺，并清洗干净。检查各配合间隙应符合要求，动作灵活，密封盘根应完好无损，否则应更换。

③检查各配合尺寸，做好记录。

④按拆除分解的相反程序进行组装，并作好组装好后的测量记录工作。组装时活塞环的开口不能在上下油管口位置，相邻活塞环开口应错开 120°。

⑤推拉杆的两连接销应用液氮进行冷冻后安装。

（3）接力器整体耐压及前后腔窜油量试验。

①前后腔窜油量试验在分解清扫组装好后进行。

②接力器检修后应做耐压试验，其方法是：在接力器两腔内注满油，用堵板封住两腔的油管法兰，用手压泵加压到额定压力的 1.25 倍，保持 30min，检查盘根及组合面有

无渗油现象。

（4）接力器自动锁锭装置检修。

①待系统撤压后卸掉接力器锁锭的控制油管进行排油，然后用方木将锁块顶住。

②拆除弹簧和锁定块。

③检查活塞及衬套，如有锈蚀或磨痕，应用金相砂纸进行处理。检查活塞杆应无弯曲现象、螺纹部位无裂纹，如有应进行校正，检查弹簧应无裂纹、损坏等现象。

④组装程序按拆除分解的相反程序执行。

3.1.5　试验

1. 调速系统自动化测试元件的调整

（1）回油箱油位信号器 330 调整。

①进入油箱用油桶盛油托起液位器浮子，在油桶液面距油箱底部 435mm 时调整液位信号器发出油位过低报警信号。

②继续抬高油桶至液面距箱底 915mm 时调整液位信号器发出油位过高报警信号。

（2）油温传感器的校验。

①卸下测温包并将其置于热水瓶内。

②调节水温在 20℃和 55℃时温度指示计 328 能分别发出油温过低和过高信号。

③调节水温为 43℃，调整温度控制阀 319 开始动作，温度为 46℃时全开。

④调节水温，校核 RTD 温度传感器应准确。

（3）压力开关的调整。

用便携式压力校验计对油压开关 307Aa、307Ab、307Ac、367A～F 进行校验，检修周期与工期见表 3-7。

表 3-7　检修周期与工期

序号	油压开关编号	动作值	备注
1	307Aa	5.2MPa	A 泵出口油压低报警
2	307Ab	5.2MPa	B 泵出口油压低报警
3	307Ac	3.0MPa	系统油压低动作伺服阀保护回路
4	367A	6.5MPa	压力升高报警
5	367B	6.3MPa	工作泵停止压力
6	367C	6.0MPa	备用泵停止压力
7	367D	5.8MPa	工作泵启动压力
8	367E	5.6MPa	备用泵启动压力
9	367F	4.8MPa	事故停油压停机

2. 压油装置的调整与试验

（1）压油装置调整试验的条件。

①压油装置各部件及管路系统装复清扫完毕，封闭入孔门。

②从油库向回油箱注入约 3.6m³ 合格透平油，同时检查液位信号器 330 发讯应正确，油箱四周各丝堵、接头、阀门应无渗漏现象。加油时须监视油位防止跑油。

③启动静电过滤器 ELC — 50C，循环过滤回油箱内的液压油。

（2）油泵空载运行试验。

①关闭主供油阀 370 及旁通阀 371，开启油泵供油阀 310Ca、310Cb 及主管排油阀 313Aa。

②分别启动 A 泵、B 泵空载运行各一小时，检查油泵振动和油温应无异常。

（3）油泵、油罐升压试验。

①全开主供油阀 370 及旁通阀 371，检查油罐油位在正常位置。

②在 GSM1、GSM2 处接排气软管，从接力器的排油阀处向接力器油腔及操作油管注满合格的透平油，注油时应监视回油箱油位不应上升以防油管注满后向回油箱注油，同时还应检查各阀门接头、丝堵处无渗漏现象。

③启动油泵在工作压力的 25%、50%、75%、100% 压力下分别持续运转 15min，检查各升压部件应无渗漏，油泵运转正常，油温、振动应无异常。

④将压油罐油压、油位升至正常状态，停运两台压油泵，关闭压油罐各连通阀门作压油罐保压试验。保持八小时后油压下降值不应大于 0.25MPa。

（4）系统安全阀和油泵阀组的调整试验。

①本压油装置的阀组是采用溢流阀和电磁换向阀组合而成的组合阀，空载和卸载是通过电磁换向阀操作溢流阀来实现的。自动运行时，空载和卸载时间由电气回路整定为 5s，手动运行时，空载和卸载可人为操作电磁换向阀的阀杆来实现。

②关闭主供油阀 370 及旁通阀 371、开启主管排油阀 313Aa，调整油泵安全阀 304A 为最大整定值。

③手动启动任一油泵，调节主管排油阀 313Aa，稳定油泵出口油压在 7.0MPa，调整系统安阀 314 动作排油。

④同时启动两台油泵，关闭主管排油阀 313Aa，观察油压稳定不上升时，证明安全阀 314 全开。

⑤分别启动 A、B 泵，调节主管排油阀 313Aa，稳定油泵出口油压为 6.8MPa，调整安全阀 304A 动作全排，关闭排油阀 313Aa，观察油压上升情况。

（5）油泵输油量测定。

①检查并调整油罐低油位油压在 6.3MPa，油温在 30 ～ 35℃。

②分别启动 A、B 泵，记录油位上升 100mm 所需时间 t s。

③记录压油罐在油泵停运期间 1min 的油位下降值，然后换算成每 min 输油量 Q_1；

④输油量的数值根据分式 $Q = 11000/t + Q_1$ 计算，额定值为 $Q = 260L/min$。

（6）自动补气试验。

①按图纸规定的高度尺寸调整固定好油位开关 362A ～ E。

②手动启动油泵将油罐油位升至"油位过高"。

③打开排气阀降压至 5.9MPa，调整补气电磁阀（405），应在补气开始油位时动作，进行自动补气。

④打开针阀（351）使压力油罐油位下降至补气停止油位，调整补气电磁阀（405）动作，停止补气。

⑤重复上述步骤，校核补气电磁阀（405）。

3. 调速系统调整与试验

（1）机械过速关闭与锁锭互锁阀（341Aa）动作值调整。

①将两台油泵切除，关闭主供油阀（370），全开旁通阀（371）。

②拔出锁锭。

③在检测点 G7、G3 处安装测压表。

④将系统油压调整至 G7 的表压为 4.5MPa 时，调整程序阀（342Ab）动作，此时 G3 表应无压。

⑤调整系统油压，重复上述步骤校核程序阀（342Ab）的整定值。

（2）低油压关机液压阀 341Ab 动作值调整。

①将两台油泵切手动，关闭主供油阀（370），全开旁通阀 371。

②拔出锁锭。

③在 307Ac 及 G4 处接测压表。

④调整系统油压至 307Ac 处的表压为 4.8MPa 时，调整程序阀 342Aa 动作。此时 G4 表应无压。

⑤调整系统油压，重复上述步骤，校核程序阀 342Aa 的整定值。

（3）锁锭投入时间调整。

①拔出锁锭。

②调整针阀（350A）投入锁锭，锁锭接力器在全行程时间应在 3 ～ 5s 范围内。

（4）机械过速阀动作关机调整。

①校核飞摆的伸长量，检查飞摆动作灵活。

②全关针阀（343Ab），手动取下过速阀的压杆。

③调整针阀（343Ab），使过速阀动作。

（5）开、关机时间调整。

①全开主供油阀（370），检查压油装置一切正常。

②调整器切至 ETR10 手动位置，开展限制开到 100%。

③检查开、停机阀（340）在关位置，拔出锁锭。

④手动操作开关机阀（340）在开机位置，记录接力器全行程和 30% ～ 80% 行程的时间 T_1、T_2。接力器开启时间即为 $2T_2$。

⑤若时间误差太大，则调整插装阀（345.2）后重新试验，直至合格。

⑥开启导叶至 100% 位置，手动操作开关机阀（340）关机，记录接力器走 80% ～ 30% 行程的时间 T_3，接力器直线关机时间即为 $2T_3$。

⑦若时间误差太大，则调整插装阀（346.2）后重新试验，直至合格。

⑧开启导叶至 100% 位置，手动操作开关机阀（340）关机，记录接力器从开始节流至全关时间 T_4，T_4 即为接力器第二段关闭时间。

⑨若时间误差太大，则调整节流阀（101）后重新试验，直至合格。

3.1.6　日常维护及故障处理

1. 日常维护项目（表 3-8）

表 3-8　日常维护项目及要求

序号	项目	主要技术要求	备注
1	调速器 25μm 滤芯清扫	25μm 过滤器滤芯干净、无破损	
2	调速器液压系统外观检查	调速器液压系统管路及阀门无渗漏	
3	接力器锁锭检查、处理	接力器锁锭投退正常，无发卡	
4	接力器杠头密封检查	接力器杠头无渗漏，螺栓无松动	
5	压力油罐安全阀检查、校验	压力油罐安全阀校验合格	

2. 定期巡检项目（表 3-9）

表 3-9　定期巡检项目及要求

序号	巡检项目	主要技术要求	备注
1	调速器 10μm、25μm 过滤器检查	调速器 10μm、25μm 过滤器无渗漏、无报警信号	
2	调速器液压系统外观检查	调速器液压系统管路及阀门无渗漏	
3	接力器锁锭检查、处理	接力器锁锭投退正常，无发卡	
4	接力器杠头密封检查	接力器杠头无渗漏，螺栓无松动	
5	压力油罐安全阀检查、校验	压力油罐安全阀校验合格	
6	集油槽、压力油罐油位检查	集油槽、压力油罐油位正常，压力油罐压力正常	

3. 常见故障及处理措施（表 3-10）

表 3-10 常见故障及处理措施

序号	部件名称	故障现象	故障定位	故障处理
1	接力器锁锭	锁锭发卡或连杆断裂	锁锭	更换连杆
2	接力器	接力器测压压力表渗漏	压力表	跟换密封
3	紧固件	紧固件松动	紧固件	紧固或更换，防松动措施
4	管路	管路渗漏	管路	补焊修复或更换

3.2 检修标准

3.2.1 调速器油压装置及相关设备检修标准

1. 调速器外观及渗漏检查处理

（1）调速器未撤压之前，检查调速器液压系统包括接力器各漏点，并做好记号。

（2）撤压后对各漏点进行处理。

（3）处理完毕后对设备进行清扫。

2. 25μm 过滤器清扫

（1）用 150mm 活动扳手拆除过滤器顶部的泄压管。

（2）用四方专用扳手或 450mm 活扳手拆除过滤器端盖，如有必要，使用铜棒、榔头，拆卸前在滤筒上做好记号，拆除时如发现滤筒转动，则应用链条钳固定住滤筒。

（3）检查端盖密封圈并清扫，如有异常则更换。

（4）取出弹簧压盖并清扫，检查弹簧有无破损，如有则更换。

（5）取出过滤器，用清洗剂、绢布、毛刷清扫过滤器，清扫干净后放在绢布覆盖的毛毡上凉干（见图 3-1），检查滤芯、弹簧有无破损，如有则更换。

（6）检查各过滤器之间的密封圈，如有异常则更换。

（7）以拆卸相反的程序回装过滤器。

（8）待调速系统升压后，观察压力表压力应正常，堵塞信号器应不动作，各部应无漏油。

图 3-1　滤芯

3. 10μm 过滤器更换

（1）用 150mm 活动扳手拆除过滤器顶部的泄压管。

（2）用四方专用扳手或 450mm 活动扳手拆除过滤器端盖，如有必要，请用铜棒、榔头。

（3）检查密封圈并清扫，如有异常则更换。

（4）取出弹簧压盖并清扫，检查弹簧有无破损，如有则更换。

（5）取出旧滤芯，更换新滤芯，以拆卸相反的程序回装。

（6）待调速系统建压后，检查各部应无漏油。

4. 静电过滤器清扫及滤纸更换

（1）接好排油管，打开排油阀，排尽过滤器腔体内的油。

（2）用 375mm 和 450mm 活动扳手拆除过滤器顶部的油管。

（3）用 17 ～ 19mm 梅花扳手拆除过滤器端盖。

（4）检查取油样用阀门是否完好并清扫端盖。

（5）取出过滤纸、电极板及托架，检查电极板、绝缘板是否被击穿和烧坏，如有上述现象，则应用刮刀和砂纸清除积碳，严重的要更换绝缘板。

（6）用无水乙醇、毛刷、绢布等清洗电极板。

（7）检查浮子信号器是否完好。

（8）用无水乙醇、绢布、毛刷清扫过滤器腔体，然后关闭排油阀，拆除排油管。

（9）晾干后装上托架和电极板，更换滤纸。

（10）检查端盖密封圈，如有异常则更换，压紧端盖。

（11）装上过滤器顶部的油管。

（12）待调速系统升压后，试运行静电过滤器，各部应无漏油。

5. 螺杆油泵解体检修

（1）在检修前确认油泵已与系统脱开，电源、油源断开。

（2）拆下四周固定螺栓。

（3）在起重班配合下，将油泵整体吊出，放在专用支架上。起吊时安全注意事项参见 GB26164.1 电业安全工作规程 第 1 部分：热力和机械 第 16.2 条。

（4）检查联轴器弹性块是否有破损，有破损进行更换，并测量上下两个联轴器距离的距离，设计值为 4mm。

（5）在拆卸螺杆油泵前做好回装标记及相应的位置记录（见图 3-2）。

（6）将螺旋杆及衬套拆卸下来（见图 3-3），放在毛毡上，止口、接触面用白布包好；

（7）检查螺旋啮合线应均匀，无卡痕、毛刺，如有个别接触亮点、伤痕，则用三角油石、三角刮刀、320 号金相砂纸处理。

（8）检查衬套上应无烧损、缺损痕迹，如有毛刺则用 320# 金相砂纸处理，处理时注意不损伤尖棱。

（9）检查推动套应无锈蚀、裂痕和严重磨损。

（10）检查油封磨损情况，如已破损，应加以更换。

（11）测量各部配合间隙（不超过 0.25mm）。

（12）装复时检查螺杆中心孔应畅通，在螺旋杆和止推套内涂抹一层合格的透平油，螺旋杆在其腔内应转动灵活，在对称上紧端盖后，还须检查其转动的灵活性，不应有偏重感觉。

（13）装复后油泵腔内应满合格的透平油。

（14）将油泵回吊、回装，吊装时要注意安全。

（15）试验测量输油量。

图 3-2　拆卸前做好位置标记

图 3-3　从动螺杆检查

6. 压力油罐清扫

（1）切除压油泵电源，关闭主供油阀，打开排气阀降压至 0.5MPa 左右后关闭该阀（排油）。

（2）待压油罐内的液压油排尽后，打开排气阀撤除压油罐内的气压。

（3）打开入孔门，清扫压油罐。清扫时不得使用汽油、苯等挥发性有毒溶液和易爆溶液，进入之前应做好通风措施，检查氧气浓度保持在 19.5% ～ 21%，工作人员不得少于 2 人，其中一人在外面监护，进入容器内的工作人员应轮换休息。

（4）检查油罐内各附件有无损坏，位置是否正确，螺丝是否松动，各密封件是否完好（见图 3-4）。

（5）清扫时，首先用海绵吸出残油，然后用干净的白布将罐内擦拭干净，最后用面团粘净各表面。

（6）检查油罐内各项工作均已结束，无任何遗漏的杂物后，封闭入孔门，封闭时应更换新的 5mm 厚聚四氟乙烯垫子，并涂抹密封胶 587。

图 3-4　检查罐内各附件有无损坏

7. 回油箱清扫检查

（1）排尽回油箱内透平油。

（2）打开入孔门，清扫、检查回油箱（见图 3-5），回油箱清扫同压油罐清扫相同。

（3）进入回油箱前应检查氧气浓度保持在 19.5% ～ 21%，工作人员不得少于 2 人，其中一人在外面监护，进入容器内的工作人员应轮换休息。

（4）处理回油箱四周的丝堵，接头及阀门应无渗漏。

（5）回油箱油泵吸油区的清扫须待油泵吊走后方能进行。

（6）待回油箱内各项工作结束后，确保无任何遗留物时封门。

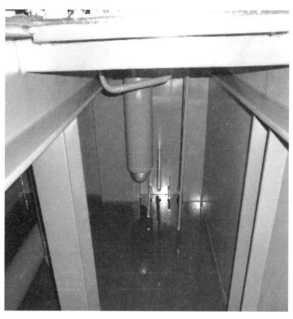

图 3-5　回油箱

8. 干燥剂更换

（1）逐个取下干燥剂筒。

（2）倒出失效的干燥剂，清扫干燥剂筒，换上新的干燥剂。

（3）逐个回装各干燥剂筒。

3.2.2　接力器及相关设备检修标准

1. 接力器外观及渗漏检查处理

（1）在没有对接力器撤压前，全面检查各法兰及接头、接力器油封有没有渗油，并做好记号，待撤压后进行处理（见图 3-6）。

（2）对管路渗油处用 30~32 梅花扳手对称压紧一圈，各接头用 300 活扳手压紧，接力器用 36 重型套筒加力压紧，无法用重型套筒的地方用 36 专用开口扳手，并用 8P 大锤对称打紧。

（3）检查接力器的油封，将毛毡铺放在接力器下面，用 22 套筒扳手检查油封压紧程度。如压盖处有间隙，用套筒对称压一遍，如压盖处没有间隙将压盖拆下，加油封一圈后将压盖对称压紧。

（4）处理完毕后对所处理的部位进行全面清扫，待接力器升压动作后检查各部应无漏油。

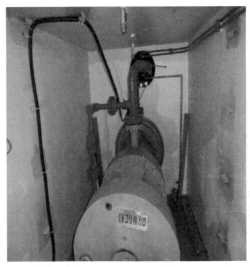

图 3-6　接力器

2. 接力器行程、压紧行程校核

（1）将 1000mm 钢板尺放置行程支架上，由一人操作开停机阀。

（2）开停机阀将导叶由 0 开至 100%，记录下接力器全行程，一般应做 2~3 次为准；

（3）压紧行程测定，当接力器关至 0 位时，做一个记号。

（4）关闭主供油阀，待 2h 后调速系统无压时，看接力器所到的位置再做一个记号，两个记号之间距离即为压紧行程。

3. 锁锭装置检查

（1）调速系统撤压后，用千斤顶和方木将接力器锁锭块托住，再拆锁锭接力器控制油管排油。

（2）锁锭接力器或锁锭块拆开前用记号笔对具有调节功能的螺杆、导向杆、限位块、锁锭接力器缸体、支架等需要拆出部分应做好相对位置标记。

（3）进行锁锭接力器拆装过程中，应将活塞、缸体、油管接口等重要部件用绢布包好，在毛毡上摆放整齐。

（4）如活塞及缸体有锈蚀或磨痕应用金相砂纸进行处理；活塞杆应无弯曲现象，否则应进行校正或更换；活塞密封若有老化或损坏应更换。

（5）检查活塞杆与双头连接螺母及活塞杆与锁锭块螺母连接是否牢固，否则应进行坚固，并加螺纹紧固剂。

（6）检查弹簧有无裂纹，紧固支架螺丝有无松动，否则应进行更换或坚固。

（7）最后按拆的相反顺序进行回装，并清扫干净。

（8）调速系统恢复油压后检查各接头有无渗漏，检查完好后，由一人操作锁锭电磁阀投拔锁锭，锁锭投、拔应自如，时间应在 3 ～ 5s 为符合设计要求（见图 3-7）。

图 3-7　自动锁定

4. 接力器解体检查、调整、装复

（1）联系油化人员排除接力器缸内透平油（见图 3-8）。

（2）拆掉压力油管并用干净的白布将管口包好（见图 3-9）。

（3）拆掉接力器推拉杆活塞销子（拆除之前应做好记号）及推拉杆，并用毛毡包好（见图 3-10、图 3-11）。

（4）拆除接力器锁锭装置及所有附件（1# 接力器）（见图 3-12）。

（5）卸掉接力器前缸盖与缸体的连接螺栓，由起重人员配合将活塞杆吊走，一直用水平仪监视活塞杆以保证水平吊出，吊出后置于检修场所进行分解检查。起吊时安全注意事项参见 GB 26164.1 电业安全工作规程 第 1 部分：热力和机械 第 16.2 条。

（6）检查活塞体，如有锈蚀、毛刺、损伤，则用金相砂纸或天然油石处理，活塞环应无裂纹伤痕，弹性良好，活塞环的槽内应无毛刺，并清洗干净，测量活塞和缸体尺寸。

（7）测量推拉杆圆柱销直径、推拉杆端部内径、铜套内径，推拉杆圆柱销上部和推拉杆上端部之间的配合为 0mm，推拉杆圆柱销下部和推拉杆下端部之间的配合为间隙配合 0.02 ～ 0.08mm，推拉杆圆柱销中部和铜套的配合为间隙配合 0.10 ～ 0.57mm。

（8）端盖密封盘根应完好无损，否则应更换。

（9）按拆除分解的相反程序进行组装，组装时活塞环的开口不能在上下油管口位置，相邻活塞环开口应错开 120°，推拉杆的两圆柱销应用液氮进行冷冻后安装。

图 3-8　排油

图 3-9　拆压力油管

图 3-10　拆推拉杆圆柱销

图 3-11　拆推拉杆

图 3-12　拆锁锭

第4章
调速器试验

4.1　高坝洲电厂调速器试验

4.1.1　高坝洲电厂调速系统调整试验项目与技术要求

调速系统调查试验项目与技术要求见表4-1。

表 4-1　高坝洲电厂调速系统调整试验项目与技术要求

序号	项目	技术要求
1	限制开度与实际开度指针与接力器行程，轮叶指示与轮叶接力器行程关系校核	限制开度与实际开度偏差不应大于2%；实际开度指针与导叶接力器行程偏差不应大于1%；轮叶指示与轮叶接力器行程偏差不应大于0.5°
2	主配压阀紧急开关机时间测定	导叶主配压阀紧急关机时间15.7s，开机时间8.5～9.5s；轮叶主配压阀关闭时间84s，开启时间26～28s
3	压油泵输油量测定	黄山油泵：600L/min LY-5-4 型：300L/min
4	紧急停机电磁阀动作关机时间测定	15.7s
5	分段关闭时间测定	第一段关闭时间11.6s，第二段关闭时间10.0s
6	锁锭投入、拔出时间测定	3～5s
7	接力器全行程测定	900mm，两接力全行程偏差不应大于1mm
8	压紧行程测定	11～12mm
9	油泵运转试验	试运过程中，油泵外壳振动不应大于0.05mm，无异音，油温不超过50℃
10	油泵组合阀安全阀动作值整定	安全阀开启压力3.9MPa，全排压力4.3MPa；全关压力不低于3.6MPa

序号	项目	技术要求
11	压油罐，事故油罐泄漏试验	油罐在工作油压下，油位处于正常状态，关闭各连通阀门，保持 8h，油压下降值不应大于 0.15MPa
12	调速器静特性试验	调速器转速死区不超过 0.05%；静特性曲线最大非线性度不超过 5%
13	调速器动特性试验	接力器不动时间不大于 0.2s；甩 100% 负荷，过渡过程超过 3% 额定转速的波峰数不超过 2 次；调节时间不超过 40%
14	过速试验	机械过速阀动作值 154%n_e，电气过速阀动作值 154%n_e

4.1.2 压油装置调整试验

1. 螺旋油泵试验

（1）将油泵腔内注满合格的透平油。

（2）检查油泵旋转方向是否正确。

（3）在罐内无压的情况下，向压油罐送油至可见位置。

（4）向压油罐充气，升压至 0.2 ~ 0.5MPa，检查油管路所有连接处是否漏油。按油泵试验的输出压力向压油罐充气。

2. 油泵试验油压及时间

空载运行 1h，分别在 25%、50%、75% 的额定压力下各运行 10min，再在额定油压下运行 1h，检查各升压部件，应无渗漏，油泵运转正常，油温、振动应无异常。

3. 油泵运转情况测定

在油泵运行过程中，注意监视油泵前端盖渗漏情况，测量油泵轴承及集油槽温度，测量油泵，电动机外壳振动数值（不大于 0.05mm），记录输出油压、电动机电流值。

4. 组合阀（安全阀、卸载阀、逆止阀）试验

（1）卸载阀时间测定及调整。

当压油罐压力为 3.6MPa 时，启动油泵，测量压油罐压力从 3.6MPa 升至 4.0MPa 所用的时间，测两次，取平均值，时间应在 60 ~ 90s 之间。电气卸载标准时间为 4s。

（2）安全阀整定。

调整安全阀弹簧，使其始排压力为 3.9MPa，全排压力 4.3MPa，全关压力不小于 3.6MPa。安全阀调整方法：调整安全阀的弹簧压力，压力越大动作值越大。

（3）逆止阀检查。

油泵停止运动时观察泵轴是否有倒转现象，如有应检查逆止阀密封情况，弹簧及活塞是否有卡阻现象，还应检查卸载阀节流孔螺钉是否脱落。

5. 油泵输油量测定

（1）检查并调整油罐低油位油压在 4.0MPa。

（2）分别启动 A、B 泵，记录油位上升 100mm 所需时间。

（3）输油量的数值根据分式 $Q = 22796.4/t$ 计算，额定值为 $Q = 600\text{L/min}$。

4.1.3 自动补气试验

手动启动油泵将油罐油位升至"油位过高"状态，打开排气阀降压至 3.7MPa，此时自动控制回路接通电磁铁电源，两电磁铁同时励磁，常闭阀打开，常开阀关阀，进行自动补气。

4.1.4 调速系统试验与调整

1. 调速系统充油试验

（1）检查转轮室与蜗壳内应无人工作，尤其是导叶、轮叶处严禁站人，蜗壳无水压，调速系统各部分，过速系统（包括分段关闭部分）各电磁阀、油阀，手动阀门均处于正常工作位置，压油装置处于正常自动位置；接力器检修排油阀关闭；调速柜上"手/自动"切换把手置于"切"位置。全关主回油阀，打开主供油阀向系统充油，并逐渐将压力升至1.0MPa，在充油时，从上至下各部位都应有人检查，各处应无漏油，否则应停止充油。

（2）在升压过程中，测出接力器锁锭投入与拔出的最低动作压力值，检查锁锭动作的灵活性，可靠性。将锁锭放在拔出位置。

（3）在升压过程中，测出导叶、轮叶接力器最低油压动作值；导叶最低动作压力值不应大于 0.64MPa，缓慢操作导叶、轮叶、开度限制机构，使接力器关、开动作几次从而排出管路内的空气。

（4）如没有异常情况，可逐渐将系统油压升至 2.0MPa、3.0MPa、4.0MPa。在每一个压力等级上都应将接力器开、关两次，检查各处有无渗漏和异常情况。

（5）关闭所有阀门，8h 后油压下降不应大于 0.8MPa。

2. 导、轮叶手动操作试验

（1）手动操作接力器全开全关。检查实际开度与指示值是否相符，否则对反馈进行调整。

（2）将手动操作把手放零位，检查接力器是否能稳定。

3. 接力器全行程测定

（1）调整压力油罐压力至 4.0MPa，全开主供油阀（×104）、压力油罐进油阀（×103）。

（2）调速器切至手动方式，开限开到 100%。

（3）拔出锁锭。

（4）手动操作接力器全关，分别记录下 1、2 号接力器方头与前缸盖的距离 L_1、L_2，并做好标记。

（5）手动操作接力器全开，按标记点分别记录下 1、2 号接力器方头与前缸盖的距离 L_3、L_4。

（6）1 号接力器全行程 $L_a=L_3-L_1$，2 号接力器全行程 $L_b=L_2-L_4$，两接力器全行程偏差不应大于 1mm。

4. 压紧行程测定

（1）全开主供油阀（×104）、压力油罐进油阀（×103），检查压油装置一切正常。

（2）拔出锁锭。

（3）手动操作接力器全关，分别记录下 1、2 号接力器方头与前缸盖的距离 L_1、L_2，并做好标记。

（4）全关主供油阀（×104），按标记点分别记录下 1、2 号接力器方头与前缸盖的距离 L_3、L_4。

（5）1 号接力器压紧行程 $L_c=L_3-L_1$，2 号接力器压紧行程 $L_d=L_2-L_4$。

5. 主配压阀紧急开停机试验

手/自动切换把手切至手动位置，分别将导叶、轮叶操作把手放全开或全关，测量主配压阀紧急关、开机动作规律。

（1）记录导叶接力器行程在 75%～25% 行程里的动作时间，此时间的两倍即是主配压阀紧急关机的动作时间。

（2）记下导叶拉力器行程在 25%～75% 行程里的动作时间，此时间的两倍即是导叶主配压阀紧急开启时间。

（3）轮叶主配压阀紧急动作试验：将轮叶开至全开，动作轮叶操作把手至全关，轮叶接力器从全开至全关的动作时间即为轮叶配压阀紧急关机时间。

（4）此项试验可以做两到三次，取平均值并做好记录。如不符合要求，调整导叶或轮叶主配压阀上的限位螺帽（螺钉）可改变导叶或轮叶主配压阀的紧急开关机时间。

6.事故配压阀紧急关机时间测定

（1）主供油源关机。

将导叶接力器开至 100%，动作 2DP，记录导叶接力器在 75% ～ 25% 行程里的动作时间，此时间的两倍即紧急关机时间，关机后，操作把手放全关，复归电磁阀，事故配压阀的复归时间应不小于 20s，调整事故配压阀限位螺杆即可调整事故配压阀紧急关机时间。

（2）事故油源关机。

此项试验主要是调整差动阀的动作准确性。将导叶开至全开，调整主供油源油压使之逐渐下降至 2.8MPa，差动阀动作，事故配压阀动作，其紧急关机时间与主供油源关机时间相同，若时间不符，则应参考主供油源关机时间进行相关调整，做试验时应监视事故油罐油压正常。

7.分段关闭阀动作试验

导叶在做紧急关机试验时，记录分段关闭阀投入时接力器的行程值和投入后接力器动作时间。投入点不正确时转动凸轮，二段时间不准确时，调整分段阀限位螺杆，螺杆调出二段时间增长。

4.2 隔河岩电厂调速器试验

4.2.1 隔河岩电厂调速系统调整试验项目与技术要求

调速系统调查试验项目与技术要求见表 4-2。

表 4-2 隔河岩电厂调速系统调整试验项目与技术要求

序号	项目	技术要求
1	主配压阀紧急开关机时间测定	紧急关机时间 14s，第二段关闭时间 30s，快速开启时间 25s
2	压油泵输油量测定	260L/min
3	紧急停机电磁阀动作时间测定	关 14s
4	低油压关机液压阀动作值调整	4.8MPa
5	机械过速与互锁阀动作值调整	4.5MPa
6	系统安全阀的调整	7.0MPa
7	油泵安全阀动作值整定	始排 6.8MPa，全排 7.0MPa

序号	项目	技术要求
8	油泵运转试验	试运转过程中，油泵外壳振动不应大于 0.05mm，无异音，油温不超过 50℃
9	锁锭投入，拔出时间调整	3～5s
10	接力器全行程测定	672mm，两接力器全行程偏差不应大于 1mm
11	压紧行程测定	13mm
12	压力开关的调整	
13	压油罐泄漏试验	油罐在工作油压下油位处于正常状态，关闭各连通阀门，保持 8h 油压下降值不应大于 0.25MPa
14	调速器静特性试验	静特性曲线最大非线性度不超过 5% 调速器（包括接力器），额定转速处死区不超过 0.05%
15	调速器动特性试	甩 100% 额定负荷后，在转速变化过程中超过额定转速 3% 以上的波峰不超过 2 次，接力器不动时间不大于 0.2s
16	过速试验	机械过速阀动作值 154%NH，电气过速阀动作值 161.5%NH

4.2.2　压油装置的调整与试验

1. 压油装置调整试验的条件

（1）压油装置各部件及管路系统清扫回装完毕，封闭入孔门。

（2）从油库向回油箱注入约 3.6m³ 合格透平油，同时检查液位信号器 330 发讯应正确，油箱四周各丝堵、接头、阀门应无渗漏现象。加油时须监视油位防止跑油。

（3）启动静电过滤器，循环过滤回油箱内的液压油。

2. 油泵空载运行试验

（1）关闭主供油阀（370）及旁通阀（371），开启油泵供油阀（310Ca）、（310Cb）及主管排油阀（313Aa）。

（2）分别启动 A 泵、B 泵空载运行各 1h，检查油泵振动和油温应无异常。

3. 油泵、油罐升压试验

（1）全开主供油阀（370）及旁通阀（371），检查油罐油位在正常位置。

（2）在（GSM1）、（GSM2）处接排气软管，从接力器的排油阀处向接力器油腔及操作油管注满合格的透平油，注油时应监视回油箱油位不应上升，以防油管注满后向回油箱注油，同时还应检查各阀门接头、丝堵处无渗漏现象。

（3）启动油泵分别在 25%、50%、75% 的额定压力下持续运转 10min，再升至额定油压下运行 1h，检查各升压部件应无渗漏，油泵运转正常，油温、振动应无异常。

（4）将压油罐油压、油位升至正常状态，停运两台压油泵，关闭压油罐各连通阀门做压油罐保压试验。保持 8h 后油压下降值不应大于 0.25MPa。

4. 系统安全阀和油泵阀组的调整试验

（1）本压油装置的阀组是采用溢流阀和电磁换向阀组合而成的组合阀，空载和卸载是通过电磁换向阀操作溢流阀来实现的。自动运行时，空载和卸载时间由电气回路整定为 5s，手动运行时，空载和卸载可人为操作电磁换向阀的阀杆来实现。

（2）关闭主供油阀（370）及旁通阀（371），开启主管排油阀（313Aa），调整油泵安全阀（304A）为最大整定值。

（3）手动启动任一油泵，调节主管排油阀（313Aa），稳定油泵出口油压在 7.0MPa，调整系统安阀（314）动作排油。

（4）同时启动两台油泵，关闭主管排油阀（313Aa），观察油压稳定不上升时，证明安全阀（314）全开。

（5）分别启动 A、B 泵，调节主管排油阀（313Aa），稳定油泵出口油压为 6.8MPa，调整安全阀（304A）动作全排，关闭排油阀（313Aa），观察油压上升情况。

5. 油泵输油量测定

（1）检查并调整油罐低油位油压在 6.3MPa。

（2）分别启动 A、B 泵，记录油位上升 100mm 所需时间。

（3）输油量的数值根据分式 $Q = 11000/t$ 计算，额定值为 $Q = 260\text{L/min}$。

4.2.3　自动补气试验

（1）按图纸规定的高度尺寸调整固定好油位开关（362A ～ E）。

（2）手动启动油泵将油罐油位升至"油位过高"状态。

（3）打开排气阀降压至 5.9MPa，调整补气电磁阀（405），应在补气开始油位时动作，进行自动补气。

（4）打开针阀（351）使压力油罐油位下降至补气停止油位，调整补气电磁阀（405）动作，停止补气。

（5）重复上述步骤，校核补气电磁阀（405）。

4.2.4　调速系统调整与试验

1. 机械过速关闭与锁锭互锁阀（341Aa）动作值调整

（1）将两台油泵切除，关闭主供油阀（370），全开旁通阀（371）。

（2）拔出锁锭。

（3）在检测点（G7、G3）处安装测压表。

（4）将系统油压调整至（G7）的表压为4.5MPa时，调整程序阀（342Ab）动作，此时（G3）表应无压。

（5）调整系统油压，重复上述步骤校核程序阀（342Ab）的整定值。

2. 低油压关机液压阀（341Ab）动作值调整

（1）将两台油泵切手动，关闭主供油阀（370），全开旁通阀（371）。

（2）拔出锁锭。

（3）在（307Ac）及（G4）处接测压表。

（4）调整系统油压至（307Ac）处的表压为4.8MPa时，调整程序阀（342Aa）动作。此时（G4）表应无压。

（5）调整系统油压，重复上述步骤，校核程序阀（342Aa）的整定值。

3. 锁锭投入时间调整

（1）拔出锁锭。

（2）投入锁锭，锁锭动作全行程时间应在3～5s范围内。

4. 接力器全行程测定

（1）调整压力油罐压力至6.3MPa，全开主供油阀（370）。

（2）调速器切至ETR10手动位置，开展限制开到100%。

（3）检查开、停机阀（340）在关位置，拔出锁锭。

（4）手动操作开关机阀（340）关机，使导叶全关，分别记录下1、2号接力器方头与前缸盖的距离 L_1、L_2，并做好标记。

（5）手动操作开关机阀（340）开机，使导叶全开，按标记点分别记录下1、2号接力器方头与前缸盖的距离 L_3、L_4。

（6）1号接力器全行程 $L_a=L_3-L_1$，2号接力器全行程 $L_b=L_2-L_4$，两接力器全行程偏差不应大于1mm。

5. 压紧行程测定

（1）全开主供油阀（370），检查压油装置一切正常。

（2）检查开、停机阀（340）在关位置，拔出锁锭。

（3）手动操作开关机阀（340）关机，使导叶全关，分别记录下1、2号接力器方头与前缸盖的距离 L_1、L_2，并做好标记。

（4）全关主供油阀（370），按标记点分别记录下1、2号接力器方头与前缸盖的距

离 L_3、L_4；

（5）1 号接力器压紧行程 $L_c=L_3-L_1$，2 号接力器压紧行程 $L_d=L_2-L_4$。

6. 机械过速阀动作关机调整

（1）校核飞摆的伸长量，检查飞摆动作灵活。

（2）全关针阀（343Ab），手动取下过速阀的压杆。

（3）调整针阀（343Ab），使过速阀动作。

7. 开、关机时间调整

（1）全开主供油阀（370），检查压油装置一切正常。

（2）调整器切至 ETR10 手动位置，开展限制开到 100%。

（3）检查开、停机阀（340）在关位置，拔出锁锭。

（4）手动操作开关机阀（340）在开机位置，记录接力器走 25% ～ 75% 行程的时间 T2。接力器开启时间 T1 即为两倍的 T2。

（5）若时间误差太大，则调整插装阀（345.2）后重新试验，直至合格。

（6）开启导叶至 100% 位置，手动操作开关机阀（340）关机，记录接力器走 75% ～ 25% 行程的时间 T4，接力器直线关机时间 T3 即为两倍的 T4。

（7）若时间误差太大，则调整插装阀（346.2）后重新试验，直至合格。

（8）开启导叶至 100% 位置，手动操作开关机阀（340）关机，记录接力器从开始节流至全关时间 T4，T4 即为接力器第二段关闭时间。

（9）若时间误差太大，则调整节流阀（101）后重新试验，直至合格。

4.3　水布垭电厂调速器试验

4.3.1　水布垭电厂调速系统调整试验项目与技术要求

调速系统调查试验项目与技术要求见表 4-3。

表 4-3　调速系统调整试验项目与技术要求

序号	项目	技术要求
1	主配压阀开关机时间测定	开机：16s，关机：15.1s
2	压油泵输油量测定	212L/min

序号	项目	技术要求
3	紧急停机电磁阀动作时间测定	关机 15.1s
4	组合阀安全阀动作值	始排 6.4MPa，全排 7.2MPa
5	锁定投入、拔出时间调整	1～3s
6	接力器全行程测定	590mm，两接力器全行程偏差不应大于 1mm
7	压紧行程测定	5mm
8	压油罐泄漏试验	油罐在工作油压下油位处于正常状态，关闭各连通阀门，保持 8h 油压下降值不应大于 0.25MPa
9	调速器静特性试验	静特性曲线最大非线性度不超过 5%，调速器（包括接力器）额定转速死区不超过 0.04%
10	调速器动特性试验	甩 100% 额定负荷后，在转速变化过程中超过额定转速 3% 以上的波峰不超过 2 次，接力器不动时间不大于 0.2s
11	过速试验	机械过速阀动作值 153%n_e，电气过速阀动作值 153%n_e

4.3.2 压油装置的调整与试验

1. 压油装置调整与试验的条件

（1）压油装置各部件及管路系统装复清扫完毕，封闭进入孔门。

（2）从油库向回油箱注入约 4m³ 的合格透平油，油箱四周各丝堵、接头、阀门应无渗漏现象。加油时须监视油位防止跑油。

（3）启动静电过滤器（201fi），循环过滤回油箱内的液压油。

2. 油泵空载运行试验

（1）关闭主供油阀（×102）。

（2）分别起动 a 泵、b 泵空载运行各 1h，检查油泵振动和油温应无异常。

3. 油泵、油罐升压试验

（1）全开主供油阀，检查油罐油位在正常位置。

（2）从接力器的排油阀处向接力器油腔和操作油管注满合格的透平油，注油时应监视回油箱油位不应上升以防油管注满后向回油箱注油，同时还应检查各阀门接头、丝堵处无渗漏。

（3）启动油泵分别在 25%、50%、75% 的额定压力下持续运转 10min，再升至额定油压下运行 1h，检查各升压部件应无渗漏，有油泵运转正常，油温、振动应无异常。

（4）将压油罐油压、油位升至正常状态，停运两台压油泵，关闭压油罐各连通阀门做压油罐泄漏试验。保持 8h 后油压下降值不应大于 0.25 MPa。

4. 油泵阀组的调整试验

（1）本油压装置的组合阀采用将卸载、安全、止回以及截止功能集成的插装阀块组合成。当油泵启 0.5 ~ 5s 内，组合阀内卸载电磁阀（201yv1 或 202yv2）通电，插装阀（201cv1 或 202cv2）关闭，往压油箱进油使油泵空载启动。

（2）分别开启 A、B 泵，整定组合阀安全阀在 6.4MPa 时开启，在 7.2MPa 全排。

5. 油泵输油量测定

（1）检查并调整油罐低油位油压在 6.3MPa。

（2）分别启动 a、b 泵，记录油位上升 h=100mm 所需时间。

（3）输油量的数值根据公式 Q=12057.6 /t，额定值为 Q=212L/min，在实际检修中，测量值在 201–223 L/min 均符合要求。

4.3.3　自动补气试验

（1）按图纸规定的高度尺寸调整固定好油位开关。

（2）手动启动油泵将油罐油位升至"油位过高"状态。

（3）打开排气阀降压至 5.9MPa，调整补气电磁阀，应在补气开始油位时动作，进行自动补气。

（4）打开使压力油罐油位下降至补气停止油位，调整补气电磁阀动作，停止补气。

（5）重复上述步骤，校核补气电磁阀。

4.3.4　调速系统调整与试验

1. 机械过速阀动作关机调整

（1）机械过速阀锁片动作灵活。

（2）机械过速阀锁片与阀座之间的距离为 3 ~ 3.5mm。

2. 锁锭投入时间调整

（1）拔出锁锭。

（2）投入锁锭，锁锭动作全行程时间应在 1 ~ 3s 范围内。

3. 接力器全行程测定

（1）调整压力油罐压力至 6.3MPa，全开主供油阀（×102）。

（2）调整器切至手动方式，开限开到 100%。

（3）检查开停机阀（303EV）在关位置，拔出锁锭。

（4）手动操作开停机阀（303EV）关机，使导叶全关，分别记录下1、2号接力器方头与前缸盖的距离 L_1、L_2，并做好标记。

（5）手动操作开停机阀（303EV）开机，使导叶全开，按标记点分别记录下1、2号接力器方头与前缸盖的距离 L_3、L_4。

（6）1号接力器全行程 $L_a=L_3-L_1$，2号接力器全行程 $L_b=L_2-L_4$，两接力器全行程偏差不应大于1mm。

4. 压紧行程测定

（1）全开主供油阀（×102），检查压油装置一切正常。

（2）检查开停机阀（303EV）在关位置，拔出锁锭。

（3）手动操作开停机阀（303EV），使导叶全关，分别记录下1、2号接力器方头与前缸盖的距离 L_1、L_2，并做好标记。

（4）全关主供油阀（×102），按标记点分别记录下1、2号接力器方头与前缸盖的距离 L_3、L_4。

（5）1号接力器压紧行程 $L_c=L_3-L_1$，2号接力器压紧行程 $L_d=L_2-L_4$。

5. 开关机时间调整

（1）全开主供油阀（×102），检查油压装置一切正常。

（2）调速器切至手动方式，开限开到100%。

（3）检查开停机阀（303EV）在关位置，拔出锁定。

（4）手动操作开停机阀在开机位置，记录接力器全行程和25%～75%时间 T_1、T_2，接力器开启时间即为两倍的 T_2。接力器设计开机时间为16s，《水轮发电机组安装技术规范》（GB/T 8564）规定，不应超过设计值的 ±5%，实际测量时在15.2～16.8s均符合要求。

（5）若时间误差太大，则调整主配压阀上的开机时间调整螺母后重新做试验，直到合格。

（6）开启导叶至100%位置，手动操作开关机阀关机，记录接力器走75%～25%的时间 T_3，接力器直线关机时间则为两倍的 T_3。接力器设计关机时间为15.1s，《水轮发电机组安装技术规范》规定，不应超过设计值的 ±5%，实际测量时在14.35～15.86s均符合要求。

（7）若时间误差太大，则调整主配压阀上的第一段关机时间调整螺母后重新做试验，直到合格。

（8）开启导叶至100%位置，手动操作开关机阀关机，记录接力器从开始节流至全关的时间 T_4，接力器第二段关闭时间则为 T_4。

（9）若时间误差太大，则调整主配压阀上的第二段关机时间调整螺母后重新做试验，直到合格。

4.4　机械电气联合调整试验项目

4.4.1　调速器静特性试验及转速死区测定

（1）调速系统在模拟并网发电状态、开度调节模式，开环增益置于整定值，人工频率/转速死区 E_f 及人工开度死区 E_Y 置于零，开度限制置于最大值，KD 置于零，KI 置于最大值，K_p 置于实际整定值，b_p 置于 4%，由外接信号源作为机组频率信号。

（2）输入稳定的额定频率信号，用"开度给定"的办法，将导叶接力器调整到 50% 行程位置。然后调整输入信号频率值，使之按一个方向逐次升高或降低，在接力器每次变化稳定后，记录该次输入信号频率值及相应的接力器行程。

（3）在 5%～95% 的接力器行程范围内，测点不少于 8 点。如有 1/4 以上测点不在曲线上或测点反向，则次试验无效。

（4）根据上述试验数据，得出接力器开/关两个方向的静态特性曲线，两条曲线间的最大区间即为转速死区 ix。

4.4.2　空载试验

1. 手动空载转速摆动值测定

（1）机组空载运行并稳定于额定转速后，励磁系统自动运行且机端电压变化不大于额定值的 ±0.25%，记录机组手动空载工矿下任意 3min 转速波动的峰-峰值，重复测定 3 次。

（2）若手动空载工况下接力器 3min 内位置漂移超出 ±0.2%，则本次试验结果无效；应对电液随动系统的平衡位置重新进行调整后，再进行试验。

2. 改变频率的空载扰动

（1）试验准备。手动空载运行状态下，将"频率给定 fc"置于额定频率，预置一组调节参数，再将调速系统切至自动，使机组转速稳定于额定转速附近的稳态转速带。

（2）试验操作。在不同的调节参数组合下，观察能使转速稳定的调节参数范围。选择若干组有代表的调节参数，分别在上述各组参数下，通过改变"给定频率 fc"，对调节系统施加幅度不小于 4% 额定转速的阶跃给定，观测并记录机组转速、接力器行程等参数的过度过程。

3. 手动改变机组转速的空载扰动

试验准备同上，自动空载稳定工况下，"频率给定 fc"始终置于额定频率，调速系统切至手动，通过手动增 / 减接力器位移，改变机组当前的实际转速，当转速变化幅度超过 4% 额定转速时，再切至自动，观测并记录机组转速、接力器行程等参数的过度过程。

4. 空载调节参数定值的选取

在调节过程稳定的前提下，选定转速过渡过程超调量小、收敛快、波动次数少，且转速摆动值最小的一组调节参数作为整定的空载调节参数。

5. 自动空载转速摆动值测定

自动空载稳定工况下，"频率给定 fc"置于额定频率，在上述空载扰动试验选定的空载调节参数下，测定自动空载工况下，任意 3min 转速波动的峰-峰值，重复测定 3 次，试验结果取其平均值。

4.4.3 负荷调整试验

1. 试验条件

机组处于并网发电状态，调速系统处于功率或开度控制模式，使机组在选定的工作点带 10% ～ 95% 额定负荷稳定运行。

2. 试验操作

在不同的调节参数组合下，调速器接受监控系统的符合调整指令，实现机组负荷调整。观察并记录机组转速、蜗壳进口水压、有功功率和接力器行程、调压井水位等参数的调整过程，通过对调整过程的分析比较，选定负载工况时的调整参数。

3. 试验注意事项

负荷调整时，应考虑对机组的最大和最小负荷进行限制，防止有功功率越线运行，同时应避免机组频繁穿越或长时间运行在振动区。

第5章
调速器班历年检修案例

5.1 高坝洲电厂油泵钨金瓦脱落

2013年4月高坝洲电厂1F机组C检修时，调速器相关检修人员在清洗2#油泵出口过滤器时，发现有金属屑片。最后经过分析是衬套钨金瓦脱落。

钨金瓦脱落原因分析：

（1）油泵制造质量有缺陷。

（2）油泵频繁启动。

处理结果：检修指挥部决定油泵整体吊出分解，发现衬套上的钨金瓦脱落，脱落面积最大的约有40cm²，另有小部分脱落，如图5-1所示。按技术要求，整体更换油泵。电厂提供的备品油泵中，一台不能手动盘车；另一台油泵衬套有长30cm裂纹，还有局部钨金瓦脱落，所提供备品不能整体更换。局限于没有合适备品，设备物资采购需要一定周期，离检修结束工期越来越近，指挥部决定先组装一台油泵进行更换，等采购新的备品再进行更换。根据技术工艺要求组装一台油泵，手动盘车灵活后回装。建压试验，油泵运行正常。

图5-1 油泵钨金瓦脱落

5.2 高坝洲电厂二号机组 B 级检修

高 2F 调速器液压控制系统检修发现缺陷：压力油罐检查清扫时，发现压力油罐内部进油管焊缝出现裂纹，具体情况为：长约 12cm，最深处深度为 9mm，最大间隙 0.2mm。处理情况：将裂纹处进行打磨，经 PT 探伤检查裂纹内部未向两端延伸。对裂纹进行补焊处理，处理完成后经磁粉探伤无异常，压力油罐建压后，保压情况良好，运行良好。裂纹情况详如图 5-2 ~ 图 5-4 所示。

 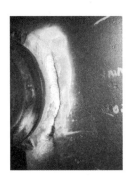 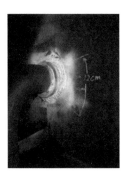

图 5-2　裂纹详情　　　图 5-3　裂纹探伤情况　　　图 5-4　裂纹补焊情况

5.3 水布垭电厂一号机组 B 级检修

调速器液压系统检修：压油罐内，主供油管路加强板焊缝脱焊，脱焊长度约 20cm，最深处约 12mm，最大缝隙 0.4mm。进行补焊处理，并经过 PT 探伤无异常，压油罐建压后无异常。裂纹情况如图 5-5 ~ 图 5-7 所示。

  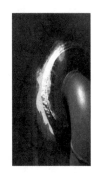

图 5-5　裂纹详情　　　图 5-6　裂纹探伤情况　　　图 5-7　裂纹补焊情况

5.4　高坝洲电厂主配压阀解体大修

　　清江高坝洲电厂机组调速器主配压阀为 DFWST150-4.0-XT 型，为双调节调速器，包括导叶和桨叶主配压阀。调速器经改造后投产近十年时间，密封开始老化失效，主配压阀的渗油量有加大的趋势。检修于 2016 年对 2 号机组的主配压阀进行解体大修，对各处的阀芯和衬套的磨损情况进行检查，更换各部位密封。主配压阀结构图如图 5-8 所示。

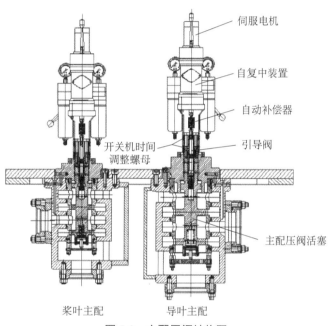

图 5-8　主配压阀结构图

5.4.1　主配压阀的拆卸过程

　　（1）拆除主配顶端伺服电机接线。
　　（2）拆除伺服电机底座螺丝，取下伺服电机和电机轴。
　　（3）拆除自复中位移转换器底部的螺栓。
　　（4）松开机械零位调整螺母上端的锁紧螺母，旋转自复中位移转换器，并将其取下。
　　（5）连着机械零位调整螺母一起将引导阀阀芯从引导阀衬套中取出，如图 5-9 所示。

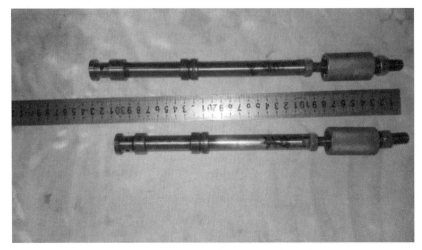

图 5-9　导叶和桨叶主配压阀引导阀阀芯

（6）将开、关机时间调整螺母做好记号，拆除开关机时间调整螺母与主配压阀芯的连接螺栓，取出开关机时间调整螺母。

（7）拆除主配阀芯端盖。

（8）用吊耳将主配阀芯抽出。

（9）拆卸出来的两个主配阀芯如图 5-10、图 5-11 所示。

图 5-10　导叶主配阀芯

图 5-11　桨叶主配阀芯

（10）检查主配阀芯及阀盘有无磨损，即完成拆卸过程。

5.4.2　回装过程

回装过程与拆卸过程顺序相反，但需要注意的有以下两点：

（1）检查机械零位调整螺母的调整部位，即自动补偿器的连接球头，不得有轴向窜动量，如有需要，用样冲锁紧。

（2）检查引导阀阀芯上的格莱圈密封，需进行更换，如图 5-12 所示。

图 5-12　引导阀格莱圈密封

5.5　水布垭电厂推拉杆改造

水布垭电厂四台机组推拉杆压板固定螺栓及销锥断裂，此问题出现较频繁，对销锥进行更换以及压板固定螺栓紧固后普遍存在无法使用至下个检修保养周期的情况。且推拉杆销锥和轴套间隙较大，超出上限，无法有效保证设备的安全运行，同时增加了检修及维护人员的劳动强度。

2017 年在 2 号机组检修期间对推拉杆进行重新设计、安装一套推拉杆（2 件），具体方案内容如下：

（1）推拉杆体采用 Q345 钢板焊接结构，钢板厚度适当增加（上、下钢板厚度均由原 60mm 调整为 90mm 以上），同时要求厂家根据布置空间调整钢板宽度。

（2）推拉杆中增加上下板加强螺栓组，具体夹紧螺杆数量要求厂家根据推拉杆与控制环干涉位置空间来确定。

（3）直销、偏心销均采用 42CrMo。

（4）控制环、接力器更换新型进口轴套，销与轴套配合采用东电厂家通常采用的公差取值，轴套现场冷冻，利用专用工具进行安装调整。

（5）直销、偏心销采用套装锁定装置。

（6）更改止推垫板材料为 FZ–6。

（7）详细技术要求需以厂家现场实际勘测、设计情况为准。

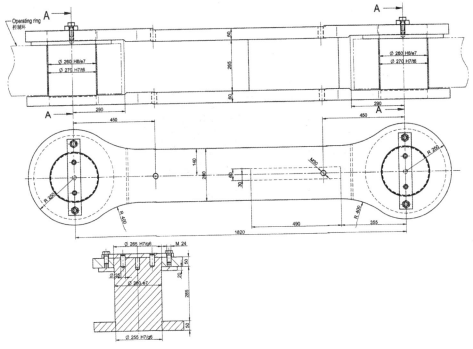

图 5-13　原推拉杆装配图

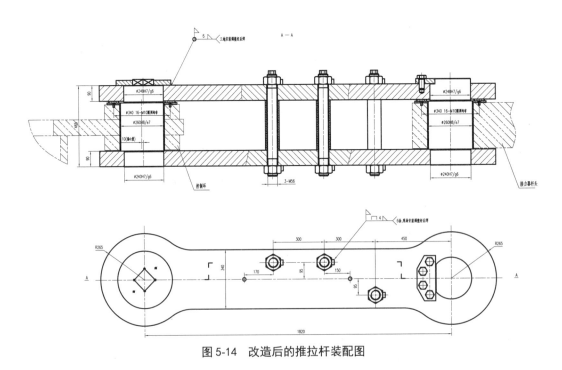

图 5-14　改造后的推拉杆装配图

通过改造，保证调速器系统的正常运行。提高设备运行的稳定性、安全性。

参考文献

［1］张诚，陈国庆.水轮发电机组检修［M］.北京：中国电力出版社，2012.

［2］李宝英，李跃春.水轮机调速器检修［M］.北京：中国电力出版社，2012.

［3］GB 26164.1—2010，电力（业）安全工作规程［S］.

［4］GB/T 8564—2003，水轮发电机组安装技术规范［S］.

［5］蔡燕生，王剑锋，孟宪影.现代水轮机调速器及其调整与试验［M］.北京：中国电力出版社，2012.

［6］于兰阶.水轮发电机组的安装与检修［M］.北京：中国水利水电出版社，1995.

［7］胡继栋.O型密封圈的设计和应用［J］.油田建设设计，1997（2）：32-35.